JIANZHU GONGCHENG BIM GUANLI JISHU

建筑工程 BIM 管理技术

河南 BIM 发展联盟　组编

许　可　银利军　主编

刘占省　主审

中国电力出版社

CHINA ELECTRIC POWER PRESS

内 容 提 要

本书系统讲述了 BIM 技术与项目管理的结合，涵盖了项目设计、施工和运维管理。全书共分为八个项目：项目一是 BIM 技术简介，对 BIM 技术做了简要的概述，同时描述了 BIM 技术应用现状及应用价值；项目二是设计阶段的 BIM 管理技术，讲述了 BIM 技术在方案设计、初步设计、施工图设计等阶段的应用以及建筑工程设计阶段的协同工作原则及规范；项目三是招投标与合同 BIM 管理技术，讲述了基于 BIM 技术的工程招投标管理以及基于 BIM 技术的合同管理；项目四是成本管理 BIM 技术，讲述了基于 BIM 技术的成本计划、成本控制以及动态成本分析；项目五是进度管理 BIM 技术，讲述了 4D 模型概念及控制原理以及 BIM 技术在施工进度管理的工作内容及流程；项目六是质量管理 BIM 技术，讲述了 BIM 技术质量管理的先进性以及在质量管理中的应用；项目七是 BIM 技术与施工安全管理，讲述了 BIM 技术在施工安全管理中的应用；项目八是项目运营和维护 BIM 管理技术，讲述了 BIM 技术在运维管理中的优势、关键以及应用。

本书突出职业教育的特点，内容精炼，重点突出，通俗易懂。

本书的读者对象是从事土木工程的施工技术人员、管理人员、工程设计人员、职业院校教师、高职高专学生，也可供从事其他相关专业的人员参考。

图书在版编目（CIP）数据

建筑工程 BIM 管理技术 / 许可，银利军主编；河南 BIM 发展联盟组编. —北京：中国电力出版社，2017.8

ISBN 978-7-5198-0782-5

Ⅰ. ①建… Ⅱ. ①许… ②银… ③河… Ⅲ. ①建筑工程–施工管理–应用软件 Ⅳ. ①TU71–39

中国版本图书馆 CIP 数据核字（2017）第 115137 号

出版发行：中国电力出版社
地 址：北京市东城区北京站西街 19 号（邮政编码 100005）
网 址：http://www.cepp.sgcc.com.cn
责任编辑：周 娟 王晓蕾 杨淑玲
责任校对：常燕昆
装帧设计：赵丽媛
责任印制：单 玲

印 刷：三河市万龙印装有限公司
版 次：2017 年 8 月第 1 版
印 次：2017 年 8 月北京第 1 次印刷
开 本：787mm×1092mm 16 开本
印 张：7.5
字 数：150 千字
定 价：38.00 元

前　　言

建筑信息模型（Building Information Modeling，BIM）是以建筑工程项目的各项相关信息数据作为基础，建立起三维的建筑模型，通过数字信息仿真模拟建筑物所具有的真实信息。它具有信息完备性、信息关联性、信息一致性、可视化、协调性、模拟性、优化性和可出图性等特点。

BIM 不是简单的将数字信息进行集成，而是一种数字信息的应用，并可以用于设计、建造、管理的数字化方法。这种方法支持建筑工程的集成管理环境，可以使建筑工程在其整个进程中显著提高效率、大量减少风险。

BIM 技术是一种应用于工程设计建造管理的数据化工具，通过参数模型整合各种项目的相关信息，在项目策划、运行和维护的全生命周期过程中进行共享和传递，使工程技术人员对各种建筑信息作出正确理解和高效应对，为设计团队以及包括建筑运营单位在内的各方建设主体提供协同工作的基础，在提高生产效率、节约成本和缩短工期方面发挥重要作用。

BIM 技术是建筑领域的一次革命，将成为项目管理强有力的工具。BIM 适用于项目建设的各阶段。它应用于项目全寿命周期的不同领域。掌握 BIM 技术，才能在建筑行业更好地发展。

本书介绍了 BIM 技术发展状况，重点讲述了 BIM 管理技术在建筑工程设计阶段，招投标阶段，成本控制，进度和质量管理，施工安全及项目运营和维护中的应用，使读者了解 BIM 技术以及 BIM 技术在施工项目管理中的应用内容及方法。

本书由河南建筑职业技术学院许可、查丽娟、郝会娟、马明明，新乡职业技术学院银利军、夏玉杰、杨洋，河南经贸职业学院甄凤共同编写，并由许可、银利军担任主编。北京工业大学刘占省担任主审。具体编写分工如下：许可编写项目一，夏玉杰编写项目二，查丽娟编写项目三，甄凤编写项目四，马明明编写项目五，银利军编写项目六，郝会娟编写项目七，杨洋编写项目八。

在本书编写过程中，参考了许多 BIM 技术和工程项目管理方面的著作、论文和资料，并得到了许多单位的支持与帮助，在此表示衷心的感谢！由于这两年 BIM 技术在我国工程建设领域处于迅猛发展的阶段，加之编者水平有限，时间仓促，书中难免存在疏漏，诚望广大读者以及同行提出批评和改进意见。

编　者

目　　录

项目一 BIM 技术简介

1.1 BIM 技术概述

BIM 指建筑信息模型（Building Information Modeling，BIM）。

BIM 的理论基础主要源于制造行业集 CAD、CAM 于一体的计算机集成制造系统 CIMS（Computer Integrated Manufacturing System）理念和基于产品数据管理 PDM 与 STEP 标准的产品信息模型。

1.1.1 BIM 的行业背景

1. 建筑行业的快速发展

随着各国经济的快速发展、城市化进程的不断加快，建筑行业在推动社会经济发展中起着至关重要的作用。随着各类工程的规模不断扩大，其形态功能越来越多样化，项目参与方日益增多，使得跨领域、跨专业的参与方之间的信息交流、传递成为至关重要的因素。

2. 建筑行业生产效率低

建筑行业生产效率低是各国普遍存在的问题。2004 年美国斯坦福大学进行了一项关于美国建筑行业生产率的调查研究，其调查结果显示：从 1964 年至 2003 年近 40 年间，将建筑行业和非农业的生产效率进行对比，后者的生产效率几乎提高了一倍，而前者的效率不升反降，下降了近 20%。

在整个设计流程中，专业间信息系统相对孤立，设计师对工程建设的理解及表达形式也有所差异，信息在专业间传递的过程中容易出现错漏现象，建筑、结构、机电等专业的碰撞冲突问题在所难免。另外，各专业设计师自身的专业角度及 CAD 二维图纸的局限性等原因会导致图纸错误，查找困难，并且在找出错误后各专业间的信息交互困难，沟通协调效率低，依然不能保证彻底解决问题。同时这种传递方式极有可能导致后期施工的错误，一旦如此，设计方必须根据施工方反映的问题再度修改图纸，这无疑增加了工作量，甚至在多次返工后依然无法保证工程的设计和施工质量。

不难看出，建筑行业生产效率低的主要原因：一是在建筑整个全生命周期阶段中，从策划到设计，从设计到施工，再从施工到后期运营，整个链条的参与方之间的信息不能有效地传递，各种生产环节之间缺乏有效的协同工作，造成资源浪费严重；二是重复工作不断，特别是项目初期，建筑、结构、机电设计之间的反复修改工作，会造成生产成本上升。这也是目前全球土木建筑业两个亟待解决的问题。

3. 计算机技术的发展

自计算机和其他通信设备的出现与普及后，整个社会对于信息的依赖程度逐步提高，信息量、信息的传播速度、信息的处理速度以及信息的应用程度飞速增长，信息时代已经来临。信息化、自动化与制造技术的相互渗透使得新的知识与科学技术很快就应用于生产实际中，但信息技术在建筑行业中的应用远不如它在其他行业那样让人满意。

1.1.2 BIM 技术的起源

基于建筑行业在长达数十年间不断涌现出的诸如碰撞冲突、屡次返工、进度质量不达标等顽固问题，造成了大量的人力、经济损失，也导致建筑行业生产效率长期处于较低水平，建筑从业者们痛定思痛后，也在不断发掘解决这一系列问题的有效措施。

新兴的 BIM 技术贯穿工程项目的设计、建造、运营和管理等生命周期阶段，是一种螺旋式的智能化设计过程。同时，BIM 技术所需要的各类软件，可以为建筑各阶段的不同专业搭建三维协同可视化平台，为上述问题的解决提供了一条新的途径。BIM 信息模型中除了集成建筑、结构、暖通、机电等专业的详尽信息之外，还包含了建筑材料、场地、机械设备、人员乃至天气等诸多信息，具有可视化、协调性、模拟性、优化性以及可出图性的特点，可以对工程进行参数化建模、施工前三维技术交底，以三维模型代替传统二维图纸，并根据现场情况进行施工模拟，及时发现各类碰撞冲突以及不合理的工序问题，可以极大减少工程损失，提高工作效率。

当建筑行业相关信息的载体从传统的二维图纸变化为三维的 BIM 信息模型时，工程中各阶段、各专业的信息就从独立的、非结构化的零散数据转换为可以重复利用、在各参与方中传递的结构化信息。2010 年英国标准协会（British Standards Institution，BSI）的一篇报告中指出了二维 CAD 图纸与 BIM 模型传递信息的差异，其中便提到了 CAD 二维图纸是由几何图块作为图形构成的基础骨架，而这些几何数据并不能被设计流程的上下游重复利用。三维 BIM 信息模型将各专业间独立的信息整合归一，使之结构化，在可视化的协同设计平台上，参与者们在项目的各个阶段重复利用着各类信息，使效率得到了极大提高。

上述两种建筑信息载体也经历了各自的发展历程：20 世纪 60 年代，人们从手工绘图中解放出来，甩掉沉重的绘图板，转换为以 CAD 为主的绘图方式。如今，正逐步从二维 CAD 绘图转换为三维可视化 BIM。人们认为 CAD 技术的出现是建筑业的第一次革命，而 BIM 模型实现了建筑从二维到三维的跨越，被称为建筑业的第二次革命，它的出现与发展必然推动着三维全生命周期设计取代传统二维设计及施工的进程，拉开建筑业信息化发展的新序幕，如图 1-1 所示。

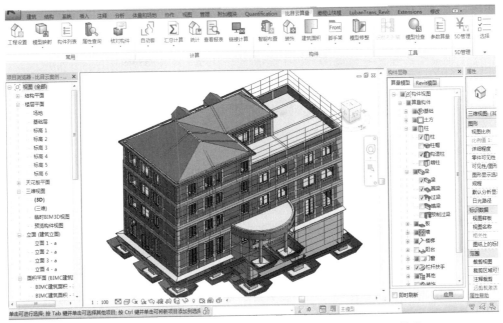

图 1-1　包含建筑全生命周期中各阶段信息的载体——BIM 模型

1.1.3　BIM 的基本定义

BIM 全称是"Building Information Modeling",译为建筑信息模型。目前较为完整的是美国国家 BIM 标准(National Building Information Modeling Standard,NBIMS)的定义:"BIM 是设施物理和功能特性的数字表达;BIM 是一个共享的知识资源,是一个分享有关这个设施的信息,为该设施从概念到拆除的全寿命周期中所有决策提供可靠依据的过程;在项目不同阶段,不同利益相关方通过在 BIM 中插入、提取、更新和修改信息,以支持和反映各自职责的协同工作"。从这段话中可以提取的关键词如下:

(1)数字表达:BIM 技术的信息是参数化集成的产品。

(2)共享信息:工程中 BIM 参与者通过开放式的信息共享与传递进行配合。

(3)全寿命周期:是从概念设计到拆除的全过程。

(4)协同工作:是不同阶段、不同参与方需要及时沟通交流、协作以取得各方利益的操作。

通俗地说,BIM 可以理解为利用三维可视化仿真软件将建筑物的三维模型建立在计算机中,这个三维模型中包含着建筑物的各类几何信息(几何尺寸、标高等)与非几何信息(建筑材料、采购信息、耐火等级、日照强度、钢筋类别等),是一个建筑信息数据库。项目的各个参与方在协同平台上建立 BIM 模型,根据所需提取模型中的信息,及时交流与传递,从项目可行性规划开始,到初步设计,再到施工与后期运营维护等不同阶段均可进行有效的管理,显著提高效率,减少风险与浪费,这便是 BIM 技术在建筑全生命周期的基本应用。

1.1.4 BIM 的主要特征

1. 可视化的三维模型

可视化这个词语，往往让人们联想到了各类工程前期、竣工时的展示效果图，这的确是属于可视化的范畴，但 BIM 的可视化远不止效果图这么简单。

可视化就是"所见即所得"，BIM 通过建模软件将传统二维图纸所表达的工程对象以全方位的三维模型展示出来，模型严格遵守工程对象的一切指标和属性。建模过程中，由于构件之间的互动性和反馈性的可视化，使得工程设计的诸多问题与缺陷提前暴露出来。除以效果图形式展现的可视化结果外，更为重要的是可视化覆盖了设计、施工、运营的各个阶段，各参与方的协调、交流、沟通、决策均在可视化的状态中进行。BIM 可视化能力的价值占 BIM价值的半壁江山。

2. 面向工程对象的参数化建模

作为 BIM 技术中重要的特征之一，参数化建模是利用一定规则确定几何参数和约束，完成面向各类工程对象的模型搭建，模型中每一个构件所含有的基本元素是数字化的对象，例如建筑结构中的梁、柱、板、墙、门、窗、楼梯等。在表现其各自物理特性和功能属性的同时，还具有智能的互通能力，例如建筑中梁柱、梁板的搭接部分可以自动完成扣减，实现功能与几何关系的统一。

参数化使 BIM 在与 CAD 技术的对比中脱颖而出，每一个对象均包含了标识自身所有属性特征的完整参数，从最为直观的外观，到对象的几何数据，再到内部的材料、造价、供应商、强度等非几何信息。

参数化建模的简便之处在于关联性的修改。例如一项工程中，梁高不符合受力要求，需要修改所有相关梁的几何信息，此时只需要将代表梁高的参数更正即可使相关构件统一更正，大大减少了重复性的工作。

3. 覆盖全程的各专业协作

协作对于整个工程行业都是不可或缺的重点内容。一个建筑流程中，业主与设计方的协作是为了使设计符合业主的需求，各设计方之间的协作是为了解决不同专业间的矛盾问题，设计方与施工方的协作是为了解决实际施工条件与设计理念的冲突。传统的工作模式往往是在出现了问题之后，相关人员才召开会议进行协调并商讨问题的解决办法，随后再做出更改和补救，这种被动式的协作通常浪费大量人力、财力。

基于 BIM 的可视化技术，提供给各参与方一个直观、清晰、同步沟通协作的信息共享平台。业主、设计方、施工方在同一平台上，各参与方通过 BIM 模型有机地整合在一起共同完成项目。由于 BIM 的协作特点，当某个专业的设计发生变更时，BIM 相关软件可以将信息即时传递给其他参与者，平台数据也会实时更新。这样，其他专业的设计人员可以根据更新的信息修改本专业的设计方案。例如，结构专业的设计师在结构分析计算后发现需要在某处添加一根结构柱以符合建筑承载力的要求，在平台上更新自己的设计方案，建筑设计师收到信息更新后会根据这根柱子影响建筑设计的情况来决定是否同意结构设计师的修改要求。在协商解决建筑功能、美观等问题的前提下，机电设计师即可根据添加结构柱后生成的碰撞数据，对排风管道位置进行修改，避免实际施工中的冲突。

4．全面的信息输出模式

基于国际 IFC 标准的 BIM 数据库，包含各式各样的工程相关信息，可以根据项目各阶段的需要随时导出。例如，从 BIM 三维参数化模型中可以提取工程二维图纸，包括结构施工图、建筑功能分区图、综合管线图、MEP 预留洞口图等。同时，各类非图形信息也可以根据报告的形式导出，如构件信息、设施设备清单、工程量统计、成本预算分析等。而协同工作平台的关联性使得模型中的任意信息变动时，图纸和报告也能够即时更新，极大提高了信息使用率和工作效率。

1.1.5　BIM 的实施原理与流程

工程项目的建设涉及政府、业主、设计方、施工方、运营商等，其中设计方包含建筑设计、结构设计、机电设计等；施工方包括基础工程、主体结构、装饰装修、机电安装等。其中包含的诸如材料供应商、管理方、运营、环保、能源等参与方多达数百家（甚至上千）。建筑使用年限短则数十年，长则上百年。BIM 技术贯穿建筑全生命周期，在可行性研究、初期规划、设计、施工、运营、维护以及最后的拆除阶段均以信息作为纽带，连接项目各阶段的参与方。

工程离不开设计，设计离不开软件。传统设计方式是以 AutoCAD 软件为核心，以平面元素描绘建筑设计师心中的理念，结构设计师再以诸如 PKPM 一类的结构分析软件实现抗震以及承载力的分析。BIM 技术的实现，同样离不开软件，在 BIM 所提供的协同平台上，单一建模软件的应用显得捉襟见肘，往往需要大量功能相异的软件对模型进行支持。一个软件解决问题的时代将一去不复返，这是未来 BIM 技术取代 CAD 技术成为主导的必然结果。

1.2　BIM 技术应用现状

1.2.1　BIM 技术在国外的发展现状

BIM 的概念起源于美国，所以 BIM 的研究与应用实践在美国起步很早，并已验证 BIM 技术在建筑行业中的应用潜力，所以利用 BIM 及时弥补了建筑行业中的诸多损失。距它在 2002 年正式进入工程领域至今已有 15 年之久，BIM 技术已经成为美国建筑业中具有革命性的力量。在全球化的进程中，BIM 的影响力已经扩散至欧洲、韩国、日本、新加坡等国家和地区，这些国家和地区的 BIM 技术均已经发展到了一定水平。

1. BIM 在美国的研究发展

美国总务管理局（General Services Administration，GSA）于 2003 年推出了国家 3D-4D-BIM 计划，并陆续发布了一系列 BIM 指南。美国总务管理局要求：从 2007 年起，美国所有达到招标级别的大型项目必须应用 BIM，且前期规划和后期的成果展示均要使用 BIM 模型（此为最低标准），GSA 鼓励所有项目采用 3D-4D-BIM 技术，并且给予采用该技术的项目的各个参与方资金支持，其多少根据使用方的应用水平和阶段来确定。目前，GSA 正大力探索建筑全生命周期的 BIM 应用，主要囊括前期空间规划模拟、4D 可视化模拟、能源消耗模拟等。GSA 在推广 BIM 应用上表现得十分活跃，极大地推动了美国工程界 BIM 的应用浪潮。

美国建筑科学研究院于 2007 年发布 NBIMS，旗下的 Building SMART 联盟（Building SMART Alliance，BSA）负责 BIM 应用研究工作。2008 年底，BSA 已拥有 IFC（Industry Foundation Classes）标准、NBIMS、美国国家 CAD 标准（United States National CAD Standard）等一系列应用标准。

美国 Harvard University 的 Lapierre.A、Cote.P 等学者提出了数字化城市的构想，他们认为实现数字化城市的关键在于能否将 BIM 技术与地理信息系统 GIS（Geographic Information System）相结合。BIM-GIS 的联合应用，BIM 可视化技术拟建工程内部各类对象，GIS 技术弥补 BIM 在外部空间分析的弱势，也是当下建筑产业具有极高探索、应用价值的环节。

2. BIM 在欧洲的研究发展

与大多数国家相比，英国政府要求强制使用 BIM。2011 年 5 月，英国内阁办公室发布了"政府建设战略（Government Construction Strategy）"文件，其中有一个章节是关于建筑信息模型（BIM）的，这个章节中明确指出，到 2016 年，政府要求全面协同 3D-BIM，并将全部的文件以信息化管理。英国在 CAD 转型至 BIM 的过程中，AEC（英国建筑业 BIM 标准委员会）提供了许多可行的方案和措施，例如模型命名、对象命名、构件命名、建模步骤、数据交互、可视化应用等。

北欧四国（挪威、丹麦、瑞典、芬兰）是全球一些主要建筑产业软件开发厂商的所在地，例如 Tekla、ArchiCAD 等，因此这些国家是第一批使用 BIM 软件建模设计的国家，也大力推广着建筑信息的传递互通和 BIM 各类相关标准。这些国家并不像英国和美国一样强制使用 BIM 技术，其 BIM 发展较多的是依赖于领头企业的自觉行为。北欧国家气候特点是冬天天寒地冻且周期长，极不利于建筑生产施工，对于他们来说，预制构件是解决这一问题的关键，而 BIM 技术中包含的丰富信息能够促使建筑预制化的有效应用，故这些国家在 BIM 技术的使用上也进行了较早的部署。一个名为 Senate Properties 的芬兰企业在 2007 年发布了一份建筑设计的 BIM 要求（Senate Properties'BIM Requirements for Architectural Design，2007），该份文件中指出：自 2007 年 10 月 1 日起，Senate Properties 的项目仅在建筑的设计部分强制使用 BIM 技术，其他设计部分诸如结构、水暖电等采用与否根据具体情况决定，但依然鼓励全生命周期使用 BIM，充分利用 BIM 技术在设计阶段的可视化优势，解决建筑设计存在的问题。

3. BIM 在亚洲的研究发展

在亚洲，诸如韩国、日本、新加坡等国在 BIM 技术的研究与应用程度并不低。2010 年，日本国土交通省宣布推行 BIM，并且选择一项政府建设项目作为试点，探索 BIM 在可视化设计、信息整合的实际应用价值及方式。日本的软件行业在全球名列前茅，而日本的软件商们也逐渐意识到 BIM 并非一个软件就能完成，它需要多个软件的配合，随后日本国内多家软件商自行组成了其本国软件联盟，以进行国产软件在 BIM 技术中解决方案研究。此外，日本建筑学会于 2012 年 7 月发布了日本 BIM 指南，其内容大致为日本的各大施工单位、设计院提供在 BIM 团队建设、BIM 设计步骤、BIM 可视化模拟、BIM 前后期预算、BIM 数据信息处理等方向上的指导。

在韩国，公共采购服务中心、国土交通海洋部致力于 BIM 应用标准的制定。《建筑领域 BIM 应用指南》于 2010 年 1 月完成发布，该指南提供了建筑业业主、建筑设计师采用 BIM 技术时所需的必要条件及方法。目前韩国多家建筑公司，如三星建设、大宇建设、现代建设等都着力开展 BIM 的研究与使用。

新加坡在 2009 年建立了基于 IFC 标准的政府网络审批电子政务系统，要求所有的软件输出都支持 IFC2x 标准的数据。因为网络审批电子政务系统在检查程序时，只需识别符合 IFC2x 的数据，不需人工干预即可自动地完成审批，大大提高了政务审批效率。由于新加坡尝到了电子政务系统带来的好处，随着科学技术的进步，类似的电子政务项目将会越来越多，而 BIM 技术在电子政务系统中扮演的角色也会越来越重要。2011，建筑管理署 BCA（Building and Construction Authority）发布了新加坡 BIM 发展路线规划（BCA's Building Information Modeling Roadmap），并制定了新加坡 BIM 发展策略。

1.2.2 BIM 技术在国内的发展现状

我国在 BIM 技术全球化的影响下，于 2004 年引入了 BIM 相关技术软件，这是我国首次与 BIM 技术结缘。2009 年 5 月，"十一五"国家科技支撑计划重点项目《现代建筑设计与施工关键技术研究》在北京启动，明确提出将深入探索 BIM 技术，利用 BIM 的协同设计平台提高建筑生产质量与工作效率。在"十二五"期间，基本实现建筑行业 BIM 技术的基本应用，加快 BIM 协同设计及可视化技术的普及，推动信息化建设，推进 BIM 技术从设计阶段向施工运营阶段的延伸，促进虚拟仿真技术，应用 4D 管理系统，逐步提高建筑企业生产效率和管理水平。

随着我国 BIM 浪潮的掀起，在 2008 年由中国建筑科学研究院、中国标准化研究院起草了 GB/T 25507—2010《工业基础类平台规范》，并将 IFC 标准作为我国国家标准。

我国越来越多的大型项目开始选择使用 BIM 技术这一平台，在收获了一些成效的同时，也出现了一些问题。以下为近年来我国工程界应用 BIM 的典型案例：

（1）上海世博会奥地利馆，由于曲面形式多样、空间关系复杂、专业协调量大、进度紧的特点，相关人员在设计阶段利用 BIM 可视化技术，大大缩短了设计变更所需要的修改时间。但巨大的专业协调量，使得各专业之间的协同设计和配合问题未得到解决。

（2）北京奥运会水立方，场馆较大，结构复杂，在钢结构设计阶段采用 BIM 技术，充分有效地将信息传递利用，各阶段参与方协同设计，缩短了建设周期。但由于各方沟通问题，且没有一个统一的工作标准，使得协同并未达到较高的程度。

（3）银川火车站项目，空间形体复杂，钢桁架结构形式多样，设计方在设计阶段利用 BIM 可视化技术，进行三维空间实体化建模，直观地实现了空间设计，钢结构创建符合要求，但后期施工的碰撞检测并未进行。

与此同时，我国各大高校也正积极地探索研究 BIM 技术：

（1）香港理工大学建筑及房地产学系李恒等学者成立了建筑虚拟模拟实验室，他们对基于 BIM 技术的虚拟可视化施工技术进行了大量研究，并利用 BIM 虚拟施工技术解决工程项目实际问题。同时，他们还将 3D 视频效果引入虚拟施工过程中，增强了虚拟施工的效果和真实感。

（2）同济大学何清华等学者结合国内 BIM 技术的研究发展现状，总结当下建筑工程施工中的不足，提出了 BIM 工程管理框架。

（3）上海交通大学、重庆大学、西南交通大学、华中科技大学、天津大学等高校也先后成立了 BIM 科研机构和 BIM 工程实验室，在 BIM 的使用标准、应用方式、管理构架等方面进行探索。

目前，国内很多大型设计院、工程单位着力于开展 BIM 技术的研究与应用：中国建筑西南设计研究院、四川省建筑设计研究院、CCDI 等先后成立了 BIM 设计小组；中铁二局建筑公司成立了 BIM 高层建筑应用中心；中建三局在机电施工安装阶段大力采用 BIM 技术；上海建工集团、华润建筑有限公司等也在施工中阶段性地应用 BIM；成都市建筑设计研究院与成都建工组成联合体采用 EPC 项目总承包模式承接工程项目，BIM 涵盖在 EPC 的各个阶段。中铁二院工程集团有限公司在西部某高速铁路的设计阶段采用 BIM-GIS 的结合应用，在铁路桥梁选线方向取得了极大的进展。相关的 BIM 咨询公司也相继成立，优比咨询和柏慕咨询均对 BIM 技术进行了研究与使用，并不断推出介绍各类新的观点和方案；北京橄榄山软件公司开发的橄榄山快模可以极快地将 CAD 图纸翻模成 BIM 三维模型，为各大单位将已有图纸转化为 BIM 模型进行研究应用提供了便利。我国 BIM 的发展正如火如荼地进行着。

虽然 BIM 在我国引入较早，并已逐步地被接受和认识，且在诸多著名建筑设计中有所应用，但我国 BIM 技术应用水平依然不高，存在着各方面的不足。首先政府及相关单位并未出台有关 BIM 技术的完整法律法规；其次，基于 IFC 数据共享的使用情况还未达到理想状态，仍需政府部门和相关法规的大力推动；再者，BIM 技术所需的软件几乎都是从国外引入，本土化程度低，建筑从业人员对 BIM 的理解并不深刻，缺乏系统的培训。但随着 BIM 技术的不断发展，加之对发达国家 BIM 技术的借鉴，我国 BIM 技术所面临的难题终会一一解决，新兴的 BIM 技术注定会像如今的 CAD 技术一样普及。

1.3 BIM 技术的应用价值

1.3.1 缩短项目工期

利用 BIM 技术，可以通过加强团队合作，改善传统的项目管理模式，实现场外预制，缩短订货至交货之间的空白时间（Lead times）等方式大大缩短工期。

BIM＋时间维度，可以直观地按天、周、月看到项目的施工进度，并可以根据现场实施状况进行实时调整。同时可以对项目的重点难点部位按时间要求进行可见性模拟，例如对土建工程的施工顺序、材料运输、堆放安排、机械进行路线和操作空间、设备管线的安装顺序等施工和安装方案进行优化。

通过时间维度的模拟建模，我们可以直观、准确地安排材料的采购和进场时间，方便材料和分包采购工作的开展；监理、总包单位可以更直观和更方便地实施对分包单位的管理，减少专业隔阂，提升管理效率，提高工程质量，缩短项目工期。

1.3.2 更加可靠与准确地进行项目预算

基于 BIM 模型的工料计算（Quantity take-off）相比基于 2D 图纸的预算更加准确，且节省了大量时间。

BIM 的造价信息模型是一个存储项目构件信息的数据库，可以为造价人员提供造价编制所需的项目构件信息。BIM 模型直接计算出工程量，大大提高造价人员的工作效率，特别是复杂多样的外墙和屋顶结构，可以从三维效果图直接得出，减少审查和沟通时间。

1.3.3 提高生产效率，节约成本

由于利用 BIM 技术可大大加强各参与方的协作与信息交流的有效性，使决策的做出可以在短时间完成，减少了复工与返工的次数，且便于新型生产方式的兴起，如场外预制、BIM 参数模型作为施工文件等，显著地提高了生产效率，节约了成本。

BIM 技术在处理实际工程成本核算中同样有着巨大的优势。建立 BIM 的 5D 施工资源信息模型关系数据库，让实际成本数据及时进入 5D 关系数据库，成本汇总、统计、拆分对应瞬间可得。BIM 的实际成本核算方法较传统方法具有快速、准确、分析能力强的优势。BIM

模型通过互联网集中在企业总部服务器，企业的成本部门和财务等各部门就可共享项目的实际成本数据，实现信息对称，大大加强管控能力。

1.3.4 高性能的项目结果

BIM 技术所输出的可视化效果可以为业主校核是否满足要求提供平台，且利用 BIM 技术可实现耗能与可持续发展设计与分析，为提高建筑物、构筑物等的性能提供了技术手段。

1.3.5 方便设备管理与维护

利用 BIM 竣工模型（As-built model）作为设备管理与维护的数据库。

1.4 BIM 相关建模软件介绍

BIM 作为一门新兴技术，它的实现离不开软件和硬件的支持。

1.4.1 硬件

计算机的配置必须达到 BIM 技术所需要的相关软件使用的最低配置，否则会出现无法使用、闪退、卡顿等情况而影响使用。同时高性能的移动设备、终端对于 BIM 流程链条的正常开展有着不可或缺的作用。

1.4.2 BIM 核心建模软件

目前，全球各大软件都在开发更新基于 IFC 标准的 BIM 相关应用软件，以满足市场需求。BIM 技术的软件应用大致可以分为 BIM 核心建模软件与 BIM 模型辅助分析软件两大类。BIM 技术之所以能实现的原因是软件的发展应用，有了软件才成就了 BIM。没有模型就没有后续的一系列应用，而模型的建立离不开核心建模软件。目前在国际上，BIM 核心建模软件商主要有以下四家，如图 1-2 所示。

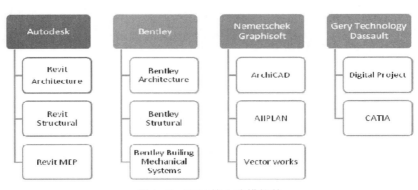

图 1-2　BIM 核心建模软件

从图 1-2 中可以了解到，BIM 核心建模软件主要有：

（1）Autodesk 公司的 Revit 建筑、结构和机电系列，在民用建筑市场借助 AutoCAD 的天然优势，有相当不错的市场表现。

（2）Bentley 建筑、结构和设备系列，Bentley 产品在工厂设计（石油、化工、电力、医药等）和基础设施（道路、桥梁、市政、水利等）领域有无可争辩的优势。

（3）2007 年 Nemetschek 收购 Graphisoft 以后，ArchiCAD/ AllPLAN/VectorWorks 三个产品就被归到同一个门派里面了，其中国内同行最熟悉的是 ArchiCAD，属于一个面向全球市场的产品，应该可以说是最早的一个具有市场影响力的 BIM 核心建模软件，但是在中国由于其专业配套的功能（仅限于建筑专业）与多专业一体的设计院体制不匹配，很难实现业务突破。Nemetschek 的另外两个产品，AllPLAN 主要市场在德语区，VectorWorks 则是其在美国市场使用的产品名称。

（4）Dassault 公司的 CATIA 是全球最高端的机械设计制造软件，在航空、航天、汽车等领域具有接近垄断的市场地位，应用到工程建设行业，无论是对复杂形体还是超大规模建筑，其建模能力、表现能力和信息管理能力都比传统的建筑类软件有明显优势，而与工程建设行业的项目特点和人员特点的对接问题则是其不足之处。Digital Project 是 Gery Technology 公司在 CATIA 基础上开发的一个面向工程建设行业的应用软件（二次开发软件），其本质还是 CATIA，就跟天正的本质是 AutoCAD 一样。

因此，对于一个项目或企业 BIM 核心建模软件技术路线的确定，可以考虑如下基本原则：

（1）民用建筑用 Autodesk Revit。

（2）工厂设计和基础设施用 Bentley。

（3）单专业建筑事务所选择 ArchiCAD、Revit、Bentley 都有可能成功。

（4）项目完全异形、预算比较充裕的可以选择 Digital Project 或 CATIA。

1.4.3 相关软件介绍

1. BIM 方案设计软件

BIM 方案设计软件用在设计初期，其主要功能是把业主设计任务书里面基于数字的项目要求转化成基于几何形体的建筑方案，此方案用于业主和设计师之间的沟通和方案研究论证。BIM 方案设计软件可以帮助设计师验证设计方案和业主设计任务书中的项目要求相匹配。BIM 方案设计软件的成果可以转换到 BIM 核心建模软件里面进行设计深化，并继续验证满足业主要求的情况。

目前主要的 BIM 方案软件有 Onuma Planning System 和 Affinity 等。

2. 和 BIM 接口的几何造型软件

设计初期阶段的形体、体量研究或者遇到复杂建筑造型的情况，使用几何造型软件会比直接使用 BIM 核心建模软件更方便、效率更高，甚至可以实现 BIM 核心建模软件无法实现的功能。几何造型软件的成果可以作为 BIM 核心建模软件的输入。

目前常用几何造型软件有 Sketchup、Rhino 和 FormZ 等。

3. BIM 可持续（绿色）分析软件

可持续或者绿色分析软件可以使用 BIM 模型的信息对项目进行日照、风环境、热工、景观可视度、噪声等方面的分析，主要软件有国外的 Echotect、IES、Green Building Studio 以及国内的 PKPM 等。

4. 机电分析软件

水暖电等设备和电气分析软件国内产品有鸿业、博超等，国外产品有 Designmaster、IES Virtual Environment、Trane Trace 等。

5. BIM 结构分析软件

结构分析软件是目前和 BIM 核心建模软件集成度比较高的产品，基本上两者之间可以实现双向信息交换，即结构分析软件可以使用 BIM 核心建模软件的信息进行结构分析，分析结果对结构的调整又可以反馈回到 BIM 核心建模软件中去，自动更新 BIM 模型。

ETABS、STAAD、Robot 等国外软件以及 PKPM 等国内软件都可以与 BIM 核心建模软件配合使用。

6. BIM 可视化软件

有了 BIM 模型以后，对可视化软件的使用至少有如下好处：

（1）可视化建模的工作量减少了。

（2）模型的精度和与设计（实物）的吻合度提高了。

（3）可以在项目的不同阶段以及各种变化情况下快速产生可视化效果。

常用的可视化软件包括 3DS Max、Artlantis、AccuRender 和 Lightscape 等。

7. BIM 模型检查软件

BIM 模型检查软件既可以用来检查模型本身的质量和完整性，例如空间之间有没有重叠？空间有没有被适当的构件围闭？构件之间有没有冲突等？也可以用来检查设计是否符合业主的要求，是否符合规范的要求等。

目前具有市场影响的 BIM 模型检查软件是 Solibri Model Checker。

8. BIM 深化设计软件

Xsteel 是目前最有影响的基于 BIM 技术的钢结构深化设计软件,该软件可以使用 BIM 核心建模软件的数据，对钢结构进行面向加工、安装的详细设计，生成钢结构施工图（加工图、深化图、详图）、材料表、数控机床加工代码等。

9. BIM 模型综合碰撞检查软件

有两个根本原因直接导致了模型综合碰撞检查软件的出现：

（1）不同专业人员使用各自的 BIM 核心建模软件建立自己专业相关的 BIM 模型，这些模型需要在一个环境里面集成起来才能完成整个项目的设计、分析、模拟，而这些不同的 BIM

核心建模软件无法实现这一点。

（2）对于大型项目来说，硬件条件的限制使得 BIM 核心建模软件无法在一个文件里面操作整个项目模型，但是又必须把这些分开创建的局部模型整合在一起研究整个项目的设计、施工及其运营状态。

模型综合碰撞检查软件的基本功能包括集成各种三维软件（包括 BIM 软件、三维工厂设计软件、三维机械设计软件等）创建的模型，进行 3D 协调、4D 计划、可视化、动态模拟等，属于项目评估、审核软件的一种。常见的模型综合碰撞检查软件有 Autodesk Navisworks、Bentley Project wise Navigator 和 Solibri Model Checker 等。

10. BIM 造价管理软件

造价管理软件利用 BIM 模型提供的信息进行工程量统计和造价分析，由于 BIM 模型结构化数据的支持，基于 BIM 技术的造价管理软件可以根据工程施工计划动态提供造价管理需要的数据，这就是所谓 BIM 技术的 5D 应用。

国外的 BIM 造价管理有 Innovaya 和 Solibri，鲁班和广联达是目前国内 BIM 造价管理软件的代表。

11. BIM 运营管理软件

我们把 BIM 形象地比喻为建设项目的 DNA，根据美国国家 BIM 标准委员会的资料，一个建筑物生命周期 75%的成本发生在运营阶段（使用阶段），而建设阶段（设计、施工）的成本只占项目生命周期成本的 25%。

BIM 模型为建筑物的运营管理阶段服务是 BIM 应用重要的推动力和工作目标，在这方面美国运营管理软件 ArchiBUS 是最有市场影响的软件之一。

12. 二维绘图软件

从 BIM 技术的发展目标来看，二维施工图应该是 BIM 模型的其中一个表现形式和一个输出功能而已，不再需要有专门的二维绘图软件与之配合，但是目前情况下，施工图仍然是工程建设行业设计、施工、运营所依据的法律文件，BIM 软件的直接输出还不能满足市场对施工图的要求，因此二维绘图软件仍然是不可或缺的施工图生产工具。

最有影响的二维绘图软件大家都很熟悉，就是 Autodesk 的 AutoCAD 和 Bentley 的 Microstation。

13. BIM 发布审核软件

最常用的 BIM 成果发布审核软件包括 Autodesk Design Review、Adobe PDF 和 Adobe 3D PDF，正如这类软件本身的名称所描述的那样，发布审核软件把 BIM 的成果发布成静态的、轻型的、包含大部分智能信息的、不能编辑修改但可以标注审核意见的、更多人可以访问的格式如 DWF/PDF/3D PDF 等，供项目其他参与方进行审核或者利用。

项目二　设计阶段的 BIM 管理技术

2.1　建筑工程设计阶段的概念和划分

建筑工程设计阶段是指建筑物在建造之前，设计者按照建设任务，把施工过程和使用过程中所存在或可能发生的问题，事先做好通盘的设想，拟定好解决这些问题的办法、方案，用图纸和文件表达出来。作为备料、施工组织工作和各工种在制作、建造工作中互相配合协作的共同依据。便于整个工程得以在预定的投资限额范围内，按照周密考虑的预定方案，统一步调，顺利进行。并使建成的建筑物充分满足使用者和社会所期望的各种要求。

设计阶段的划分，国际上一般分为"概念设计""基本设计"和"详细设计"三个阶段。我国习惯上将建筑工程分为"方案设计""初步设计"和"施工设计"三个阶段。对于技术要求相对简单的民用建筑工程，经有关主管部门同意，且合同中没有做初步设计的约定，可在方案设计审批后直接进入施工图设计。

各阶段设计文件的深度都应该遵循以下的原则进行编制：

（1）方案设计文件，应满足编制初步设计文件的需要。

（2）初步设计文件，应满足编制施工图设计文件的需要。

（3）施工图设计文件，应满足设备材料采购、非标准设备制作和施工的需要。

2.1.1　方案设计

方案设计是在投资决策之后，由设计咨询单位将可行性研究提出意见和问题，经与业主协商认可后提出的具体开展建设的设计文件。

1. 方案设计文件内容

（1）设计说明书，包括各专业说明以及投资估算等内容。

（2）总平面图以及建筑设计图纸。

（3）设计委托或设计合同中规定的透视图、鸟瞰图、模型等。

2. 方案设计文件的编排顺序

（1）封面：包括项目名称、编制单位、编制年月。

（2）扉页：编制单位法定代表人、技术总负责人、项目总负责人的姓名，并经上述人员签署或授权盖章。

（3）设计文件目录。

（4）设计说明书。

（5）设计图纸。

3．方案设计文件的具体内容

（1）设计说明书。

1）设计依据、设计要求及主要技术经济指标。设计依据主要包括与工程设计有关的依据性文件的名称和文号（如选址及环境评价报告、项目可行性研究报告、设计任务书或协议书等）、设计所执行的主要法规和所采用的主要标准、设计基础资料（如气象、地形地貌、水文地质、地震基本烈度、区域位置等）。

设计要求包括政府有关主管部门对项目设计的要求（如对总平面布置、环境协调、建筑风格）、建设单位委托设计的内容和范围、工程规模（如总建筑面积、总投资、容纳人数等）、项目设计规模等级和设计标准（包括结构的设计使用年限、建筑防火类别、耐火等级、装修标准等）。

主要技术经济指标包括总用地面积、总建筑面积及各分项建筑面积、建筑基底总面积、绿地总面积、容积率、建筑密度、绿地率、停车泊位数以及主要建筑或核心建筑的层数、层高和总高度等项指标。根据不同的建筑功能，还应表述能反映工程规模的主要技术经济指标，如住宅的套型、套数及每套的建筑面积、使用面积，旅馆建筑中的客房数和床位数，医院建筑中的门诊人次和病床数等指标。

2）总平面设计说明。总平面设计说明包括概述场地现状特点和周边环境情况及地质地貌特征，详尽阐述总体方案的构思意图和布局特点，以及在竖向设计、交通组织、防火设计、景观绿化、环境保护等方面所采取的具体措施。说明关于一次规划、分期建设，以及原有建筑和古树名木保留、利用、改造（改建）方面的总体设想。

3）建筑设计说明。建筑设计说明涵盖的内容包括：建筑方案的设计构思和特点；建筑群体和单体的空间处理、平面和竖向构成、立面造型和环境营造、环境分析（如日照、通风、采光）等；建筑的功能布局和各种出入口、垂直交通运输设施（包括楼梯、电梯、自动扶梯）的布置；建筑内部交通组织、防火和安全疏散设计；关于无障碍和智能化设计方面的简要说明；当建筑在声学、建筑防护、电磁波屏蔽以及人防地下室等方面有特殊要求时，应做相应说明；建筑节能设计说明。

4）结构设计说明。结构设计说明包括：工程概况（如工程地点，工程分区，主要功能，各单体建筑的长、宽、高、层数、层高等）；设计依据（如主体结构设计使用年限、风荷载、雪荷载、抗震设防烈度等）；建设单位提出的与结构有关的符合有关法规、标准的书面要求；本专业设计所执行的主要法规和所采用的主要标准；建筑分类等级（建筑结构安全等级、建筑抗震设防类别、钢筋混凝土结构的抗震等级等）；基础方案；主要结构材料（如混凝土强度等级、钢筋种类、砌体材料等）的说明；需要特别说明的其他问题（如是否需要进行风洞试验、振动台试验、节点试验等）。

5）建筑电气设计说明。包括：工程概况；拟设置的建筑电气系统；变、配、发电系统；其他建筑电气系统对城市公用事业的需求；建筑电气节能措施。

6）给水排水设计说明。包括给水说明和排水说明两部分。其中给水说明包括：水源情况；用水量及耗热量估算；给水系统说明；消防系统说明；热水系统说明；中水系统说明；重复用水及采取的其他节水、节能减排措施；饮用净水系统说明。排水说明包括：排水体制，污、废水及雨水的排放出路；估算污、废水排水量，雨水量及重现期参数等；排水系统说明及综合利用；污、废水的处理方法。

7）采暖通风与空气调节设计说明。包括：工程概况及采暖通风和空气调节设计范围；采暖、空气调节的室内设计参数及设计标准；冷、热负荷的估算数据；采暖热源的选择及其参数；空气调节的冷源、热源选择及其参数；采暖、空气调节的系统形式；通风系统说明；防排烟系统及暖通空调系统的防火措施说明；节能设计要点；废气排放处理和降噪、减振等环保措施等。

8）投资估算文件。一般由编制说明、总投资估算表、单项工程综合估算表等内容组成。其中编制说明包括编制依据、方法、范围、主要技术经济指标等。总投资估算表由工程费用、其他费用、预备费、建设期贷款利息、铺底流动资金、固定资产投资方向调节税组成。单项工程综合估算表。由各单位工程的建筑工程、装饰工程、机电设备及安装工程、室外工程等专业的工程费用估算内容组成。

（2）设计图纸。

1）总平面图设计图纸。总平面设计图纸要反映场地的区域位置；场地的范围；场地内及四邻环境的反映；场地内拟建道路、停车场、广场、绿地及建筑物的布置，并表示出主要建筑物与各类控制线（用地红线、道路红线、建筑控制线等）、相邻建筑物之间的距离及建筑物总尺寸，基地出入口与城市道路交叉口之间的距离；拟建主要建筑物的名称、出入口位置、层数、建筑高度、设计标高，以及地形复杂时主要道路、广场的控制标高；指北针或风玫瑰图、比例；根据需要绘制反映方案特性的分析图，如功能分区、消防分析、日照分析等。

2）建筑设计图纸。建筑设计图纸包括建筑的平面图、立面图和剖面图，它们均是对具体建筑的粗略反映。平面图包含平面的总尺寸、开间、进深尺寸及结构受力体系中的柱网、承重墙位置和尺寸；各主要使用房间的名称；各楼层地面标高、屋面标高；图纸名称、比例或比例尺；底层平面图中应标明剖切线位置和编号，并应标示指北针。

立面图中应包含一、二个能体现建筑造型特点的立面；各主要部位和最高点的标高或主体建筑的总高度；当与相邻建筑有直接关系时，应绘制相邻或原有建筑的局部立面图；图纸名称、比例或比例尺。

建筑的剖面图中应该显示各层标高及室外地面标高，建筑的总高度，剖面编号、比例或比例尺。剖切位置应该选在高度和层数不同、空间关系比较复杂的部位。

2.1.2 初步设计

初步设计的内容依项目的类型不同而有所变化，一般来说，它是项目的宏观设计，即项目的总体设计、布局设计、主要的工艺流程、设备的选型和安装设计、土建工程量及费用的估算等。初步设计文件应当满足编制施工招标文件、主要设备材料订货和编制施工图设计文件的需要，是下一阶段施工图设计的基础。

1. 初步设计文件

（1）设计说明书，包括设计总说明、各专业设计说明。

（2）有关专业的设计图纸。

（3）主要设备或材料表。

（4）工程概算书。

（5）有关专业计算书。

2. 初步设计文件的编排顺序

初步设计文件的编排顺序与方案设计文件的编排顺序相同，但在扉页中要加上各专业负责人的姓名，概算书要单独成册。

3. 初步设计文件具体内容

（1）设计总说明。

初步设计的设计总说明是在方案设计说明的基础上进行细化，主要包含建筑工程的设计依据、工程建设的规模和设计范围、总建筑面积等主要技术经济指标、各专业的设计特点和系统组成、提请在设计审批时需解决或确定的主要问题等。

（2）总平面。

在初步设计阶段，总平面专业设计文件应包括设计说明书、设计图纸。

设计说明书主要包括设计的依据和基础资料、场地的概述（如场地名称、在城市中的位置、地形地貌、与周边建筑的关系等）、总平面布置、竖向设计、交通组织以及主要技术经济指标（如总用地面积、总建筑面积、容积率等）。

总平面设计图纸由区域平面图、总平面图和竖向布置图组成。其中总平面图包括保留的地形和地物、测量坐标网、主要建筑物及构筑物的位置、景观绿化设施的布置示意、指北针或风玫瑰、主要的技术经济指标等。

竖向布置图中要包含场地范围的测量坐标值、关键性标高、保留的地形地物、建筑物或构筑物的位置名称，主要建筑物和构筑物的室内外设计、用箭头或等高线表示地面坡向、指北针、尺寸单位、比例、补充图例。

竖向布置图可视工程的具体情况与总平面图合并。

（3）各专业初步设计文件。

在初步设计文件中，建筑、结构、建筑电气、给水排水以及采暖通风与空气调节等五个专业需要提供各自的设计资料。各专业的初步设计文件是对方案设计阶段各阶段文件的补充和细化，其深度高于方案设计文件。

1）建筑专业。建筑专业初步设计文件应包括设计说明书和设计图纸。

设计说明书包括所采用的主要法规和所采用的主要标准等设计依据，还包括设计概述。设计概述中涵盖建筑物的主要特征、建筑物使用功能和工艺要求、建筑的功能分区、交通组织、防火设计以及其他主要的技术经济指标等一系列说明。

设计图纸在建筑专业中占很大比重。它在方案设计阶段的建筑平面、立面、剖面设计图纸基础上进一步细化，具体反映了轴网及编号、防火分区和防火分区分割位置和面积、室内布置、可见主要部位的饰面用料等。

2）结构专业。在初步设计阶段，结构专业设计文件应包括设计说明书、设计图纸和计算书。

设计说明书包含工程概况、设计依据、建筑分类等级、主要荷载取值、上部及地下室结构设计说明、地基基础设计说明、结构分析、主要结构材料说明等。

结构专业的设计图纸主要反映：基础平面图及主要基础构件的截面尺寸；主要楼层结构平面布置图，注明主要的定位尺寸、主要构件的截面尺寸；结构主要或关键性节点、支座示意图；伸缩缝、沉降缝、防震缝、施工后浇带的位置和宽度。

结构计算书应包括荷载统计、结构整体计算、基础计算等必要的内容。

3）建筑设备专业。包括建筑电气、给水排水和采暖通风与空气调节三个专业。这三个专业的初步设计文件均应包括设计说明书、设计图纸、设备表和各专业计算书。

设计说明书的内容包括设计依据、工程概况、设计范围和相应系统说明（如照明系统说明、建筑室外给水排水设计说明、空调系统说明等）。

设计图纸应依据各专业的要求进行绘制，包括变配电系统图、建筑室外给水排水总平面图、系统流程图等。

设备表中要列出设备的名称、性能参数、数量、安置位置、服务区域等内容。

各专业计算书依据各专业要求做初步计算。

（4）概算。

建设项目设计概算是初步设计文件的重要组成部分。概算文件应单独成册。设计概算文件由封面、签署页（扉页）、编制说明、建设项目总概算表、其他费用表、单项工程综合概算表、单位工程概算书等内容组成。

2.1.3 施工图设计

施工图设计的主要内容是根据批准的初步设计，绘制出正确、完整和尽可能详细的建筑、安装图纸，包括建设项目部分工程的详图、零部件结构明细表、验收标准、方法、施工图预算等。此设计文件应当满足设备材料采购、非标准设备制作和施工的需要，并注明建筑工程合理使用年限。

1. 施工图设计文件

（1）合同要求所涉及的所有专业的设计图纸（含图纸目录、说明和必要的设备、材料表）以及图纸总封面；对于涉及建筑节能设计的专业，在三个阶段均应于设计说明中反映建筑节能设计的专项内容。

（2）合同要求的工程预算书。

（3）各专业计算书。虽然计算书不属于必须交付的设计文件，但仍应按相关要求编制并归档保存。

2. 总平面专业施工图设计文件

在施工图设计阶段，总平面专业设计文件应包括图纸目录、设计说明、设计图纸、计算书。

设计图纸中包括总平面图、竖向布置图、土石方图、管道综合图、绿化及建筑小品布置图、详图（如护坡、排水沟、停车场地面、围墙等）。

3. 建筑专业施工图设计文件

在施工图设计阶段，建筑专业设计文件应包括图纸目录、设计说明、设计图纸、计算书。

（1）设计说明。

与初步设计阶段的设计说明相比，施工图设计阶段的设计说明增加了室内外装修说明、对采用新技术和新材料的做法说明及对特殊建筑造型和必要的建筑构造的说明、门窗表及门窗性能的设计要求、电梯选择及性能说明、无障碍设计说明以及依据具体工程情况所做出的说明。

（2）设计图纸。

建筑专业的设计图纸除在初步设计阶段反映的内容外，在平面图中又包含了建筑构配件的尺寸和做法索引、主要建筑设备和固定家具的位置及相关做法索引、变形缝的位置尺寸及做法索引、房间各部分使用功能和面积、屋顶做法等。剖面图中表示了墙、柱、轴线和轴线编号、剖切到或可见的主要结构和建筑构造部件、高度尺寸、主要结构和建筑构造部件的标高、节点构造详图索引号等。

此外，施工图阶段应绘制详图，详图包括：内外墙、屋面等节点；楼梯、电梯、厨房、卫生间等局部平面放大和构造详图；室内外装饰方面的构造、线脚、图案等；门、窗、幕墙绘制立面图；其他凡在平、立、剖面图或文字说明中无法交代或交代不清的建筑构配件和建筑构造等。

（3）计算书。

建筑专业的计算书包括建筑节能计算书以及根据工程性质特点进行视线、声学、防护、防火、安全疏散等方面的计算。

4. 结构专业施工图设计文件

在施工图设计阶段，结构专业设计文件应包括图纸目录、设计说明、设计图纸、计算书。

（1）结构设计总说明。

结构设计总说明应包括工程概况、设计依据、图纸说明、建筑分类等级、主要荷载取值、设计计算程序、主要结构材料、基础及地下室工程、相应结构工程说明（如钢筋混凝土工程、钢结构工程、砌体工程等）、检测（观测）要求等。

（2）设计图纸。

结构专业在施工图设计阶段的设计图纸包括基础平面图、基础详图、结构平面图、结构构件详图、节点构造详图、楼梯详图、预埋件详图、特种结构和构筑物图纸等。

（3）计算书。

结构计算书应给出构件平面布置简图和计算简图、荷载取值的计算或说明。

当采用计算机程序计算时，还应在计算书中注明所采用的计算程序名称、代号、版本及编制单位。

5. 建筑设备设计文件

建筑电气专业、给水排水专业、采暖通风与空气调节专业设计文件均应包括图纸目录、施工图设计说明、设计图纸、主要设备表、计算书。

（1）施工图设计说明。

与初步设计阶段相比，设计说明中主要增加了各设备工程的技术要求、材料选型、采用的标准图集、施工及验收依据等。

（2）设计图纸。

设计图纸主要是在初步设计阶段各专业的的系统图基础上，增加其相对应的设计图以及详图。例如水池配管及详图、空调剖面图和详图等。

（3）主要设备表。

需要注明主要设备名称、型号、规格、单位、数量、备注使用运转说明。

（4）计算书。

施工图设计阶段的计算书，只补充初步设计阶段时应进行计算而未进行计算的部分，修改因初步设计文件审查变更后，需重新进行计算的部分。

6. 施工图预算文件

施工图预算文件包括封面、签署页（扉页）、目录、编制说明、建设项目总预算表、单项工程综合预算表、单位工程预算书。

2.2 BIM 技术在方案设计阶段的应用

传统设计模式下，国内部分大型设计企业中重要项目的结构、机电专业已经开始在方案阶段深度介入。在基于 BIM 技术的设计模式下，结构专业、机电专业的设计工作前置到方案设计阶段的趋势更加显著。这在工作流程和数据流转方面会有明显的改变，将带来设计效率和设计质量的明显提升。

从工作流程的角度看，基于 BIM 技术的方案设计阶段可划分为五个环节，包括设计准备、方案设计、二维视图生成、方案审批、交付及归档。与传统工作流程相比，主要发生了两个方面的变化：

（1）结构专业和机电专业人员在方案阶段可以实质性地提前介入。BIM 模型作为整个项目统一、完整的共享工程数据源，使得结构、机电专业人员在方案设计阶段就可以实质性地开展设计工作，建立自己专业的 BIM 模型，并参与到后续的审批交付过程中。就目前国内现状分析，方案阶段因存在诸多不定因素，结构和机电专业实质性提前介入也将受到一定阻力。

（2）基于模型生成二维视图的过程代替了传统的二维制图。BIM 模型中包含了相关的几何与属性信息，所需的二维视图可由模型自动生成并保证数据的一致性，使得各专业设计人员只需重点专注 BIM 模型的建立，而无须为绘制二维图纸耗费过多的时间和精力。

从数据流转的角度看，除必要的互提资料确认外，更多的协调沟通与反馈均可在设计过程中实时进行，实现了各专业间随时进行数据流转与交换。BIM 模型和二维视图将作为阶段交付物同时交付，供初步设计阶段使用。

依据上述分析，基于 BIM 技术的方案设计业务流程大致如下：建筑专业基于概念设计交付方案进行设计准备，并提供给结构专业与机电专业人员。之后所有专业开始开展基于 BIM 模型的方案设计工作。在此过程中，各专业内部及专业间将基于统一的 BIM 模型完成所需的业务协调，这种基于 BIM 的设计协调过程将贯穿整个流程，专业间专门的提资活动将大量减少，定期资料确认仅会作为项目记录用于备查。通过 BIM 模型进行方案验证之后，再生成二维视图送审报批，最后 BIM 模型及生成的二维视图将同时交付及归档。

从工作效果的角度看，在工作效率及交付质量方面均有明显提升，主要体现在：

（1）促进建筑师创意的自由发挥。

采用 BIM 技术的设计方式后，建筑师拥有了能够更加自由、充分表达其设计意图的手段，其最大优势是能够更理想地表达建筑师的意愿及方案本身的特性。

（2）提升方案设计的效率。

采用 BIM 技术的设计方式后，设计师可以更加专注于设计创意，平立剖等二维视图均可通过 BIM 模型自动生成，设计质量、设计效率均有明显提升。

（3）为设计方案的优化提供技术手段和量化依据。

所创建的 BIM 模型包含了必要的几何和参数等属性信息，这些信息可以用于各类建筑分析，为方案设计的比选和优化提供了技术手段和量化依据。

（4）提升了与业主等相关方的沟通效率。

基于方案设计的 BIM 模型，可直接用于与业主等相关方的沟通并理解真实的设计意图。设计师创意的表达方式更多样，比如可视化、动态浏览等。

2.3 BIM 技术在初步设计阶段的应用

初步设计阶段是对项目方案的初步性表述，其中包含了项目的位置、大小、层数、朝向、设计标高、道路绿化布置等基本信息和经济技术指标；各层平面以及主要剖面立面，在尺寸上要达到整体把握的程度，例如建筑物总尺寸、各层标高等；项目方案的设计说明书方案的理念和特点，构造和材料方面的信息等；工程概算书，建筑物投资估算、主要材料用量以及单位消耗量等；根据项目的体量和规模，必要时也会有一些模型和图片上的效果展示。

在初步设计阶段中，采用 BIM 技术的设计方式后，形式上将设计过程与出图过程分离，设计过程将基于 BIM 模型进行，出图过程将依据 BIM 模型直接生成各类视图，并能够保证其与模型的关联性和一致性。此外，BIM 技术的引入将带来全部专业设计工作的前移。特别是机电专业，原来在施工图设计阶段的深化也将部分前移至初步设计阶段进行。同时，BIM技术也为专业内部及专业间的直接数据交换提供了技术手段。

1. 传统的初步设计业务流程

建筑设计的各专业基于建筑专业的设计方案及审批意见开始设计准备工作，结构专业及机电专业对建筑专业的设计方案进行复核确认，并提出本专业的技术参数及要求，然后开展基于二维图纸的初步设计制图工作。在此过程中，各专业须与其他专业相互提供资料。在初步设计完成后，最后进行审批、交付及归档。

从工作流程的角度看，包括以下几个环节，即设计准备、初步设计、设计验证及审批、交付及归档。由于结构和机电专业在方案设计阶段并没有参与实质性的设计，初步设计阶段中设计准备过程是一个必要环节。在设计准备过程中，建筑专业将在此节点向其他专业提供审核通过的方案简要说明、相关图纸及在初设阶段需要补充调整的设计内容；同时，其他专业除需确认建筑专业提供的资料外，也需要在此环节中将各自专业的设计参数及要求等信息通过提资的方式告知其他专业，作为设计的依据。

从数据流转的角度看，除包含了两个提资时段外，工作方式与方案设计阶段基本一致，但仍无法实现实时的数据共享。

通过以上业务流程分析可见，传统的基于二维图纸的初步设计方式存在一些不足之处，主要体现在：

（1）二维图纸间缺乏数据关联，不能有效地保证数据的一致性，这会导致平立剖等二维视图表达不一致。

（2）二维图纸不能在各专业间建立起直接的数据关联，容易导致专业间的碰撞冲突等问题。

（3）二维图纸不能直接用于建筑分析，因此无法为设计优化提供量化依据。

2. 基于 BIM 技术的初步设计业务流程

在基于 BIM 技术的设计模式下，施工图设计阶段的大量工作前移到初步设计阶段。在工作流程和数据流转方面会有明显的改变，这将带来设计效率和设计质量的明显提升。

从工作流程的角度看，基于 BIM 技术的工作流程将应划分为五个环节，包括初步设计、综合协调、二维视图生成、方案审批、交付及归档。与传统的工作流程相比，发生了四个方面的变化：

（1）传统流程中的设计准备环节可提前实现。在方案设计阶段后期及初步设计阶段初期，各专业就开始依据方案模型展开工作。

（2）综合协调工作将贯穿于整个设计流程中。在各专业初步设计过程中可以实现随时的协调过程，在设计过程中可以避免或解决大部分的设计冲突问题。在建立各专业初步设计模型之后，设计审核之前的各关键节点，进行阶段性的总体综合协调环节。

（3）增加了新的二维视图生成过程。在各专业创建初步设计模型之后，传统的设计制图过程转变为由模型生成二维视图的过程。

（4）前置了施工图设计阶段的大量工作。特别是机电专业，传统在施工图设计阶段的很多工作前置到了本阶段。

从数据流转的角度看，实现了各专业间随时的数据流转与交换。BIM 模型和二维图纸将作为阶段交付物同时交付，供施工图设计阶段使用。

从工作效果的角度看，模型与所生成的相应图纸准确一致，减少了错、漏、碰、缺等现象，为施工图设计阶段提供了更准确的设计基础，在工作效率方面对于不同专业的影响不同，主要体现在：

（1）基于 BIM 技术的设计方式能够客观、全面地表达建筑构件的空间关系，能够真正实现专业内及专业间的综合协调，具有良好的数据关联性，因此能够大幅度地提升设计质量，降低设计错误发生的概率。

（2）为设计优化提供了技术手段和简化依据。所创建的 BIM 模型包含了丰富的几何和参数等属性信息，这些信息可以用于各种建筑分析和统计，为设计优化提供了技术手段和优化依据。

（3）在设计效率方面，各个专业的情况不尽相同。大多情况下，建筑和结构专业设计周期将会缩短；机电专业工作量明显增加，设计周期会延长，但实质上是将其传统施工图设计阶段的工作前置到本阶段，因此在整个设计阶段机电专业的工作量并未明显增加。

2.4 BIM 技术在施工图设计阶段的应用

施工图设计是建筑设计的最后阶段。该阶段要解决施工中的技术措施、工艺做法、用料等，要为施工安装，工程预算，设备及配件的安放、制作等提供完整的图纸依据（包括图纸目录、设计总说明、建筑施工图、结构施工图、设备施工图等）。

在应用 BIM 技术以后，对于原来需要在传统施工图阶段完成的设计工作，很多都已经前置到了初步设计阶段完成，因此在基于 BIM 技术的施工图设计阶段，实际的设计工作量已经大幅降低。由于要适应传统的制图规范，现阶段仍然要对 BIM 模型生成的二维视图进行细节修改和深化设计，并进行节点详图设计。未来随着软件技术的发展，政府审批流程、交付方式及规范的改变，在大型复杂项目中施工图设计阶段与初步设计阶段将进一步融合。

1. 传统的施工图设计业务流程

在传统基于二维图纸的施工图设计阶段业务流程中，各专业基于各自的初步设计成果及审批意见开始设计准备工作，各专业对其他专业的设计成果进行复核确认，并提出本专业的技术参数及要求，之后开展基于二维图纸的施工图设计工作。在此过程中，各专业须与其他专业相互提资。在施工图设计完成后，最后进行审批、交付及归档。

从工作流程的角度看，由于工作内容主要是对于初步设计成果的深化，因此流程基本与初步设计的流程类似，包括以下几个环节，即设计准备、施工图设计、设计验证及审批、交付及归档。在施工图阶段的互提资料过程一般划分为三个时段，以保证各专业最终完成交付图纸与设计条件保持一致。

从数据流转的角度看，除包含了三个提资时段外，工作方式与初步设计阶段基本一致，但仍无法实现实时的数据共享。

从工作效果的角度看，由于设计手段的限制，存在一些不可避免的问题，在后续设计中还要进行大规模的调整。主要原因是传统的二维图纸对建筑物的展示不够直观，很难真正反映出建筑构件之间的空间关系，也无法在统一的环境中整体检查评估，因此很难真正实现专业内及专业间的综合协调检查。另外，建筑构件及相关设备等几何信息描述不够完整，使得错、漏、碰、缺的现象很难避免。

2. 基于 BIM 技术的施工图设计业务流程

在基于 BIM 技术的设计模式下，施工图设计阶段的大量工作已经前置到了初步设计阶段，在工作流程和数据流转方面会有明显的改变。

从工作流程的角度看，与传统工作流程相比，发生的变化与初步设计阶段类似，包括三个方面，即弱化了传统流程中的设计准备环节，产生了基于模型的综合协调环节，增加了新的二维视图生成环节。

从数据流转的角度看，各专业间可以随时进行数据流转与交换。BIM 模型和二维图纸将作为阶段交付物同时交付，供施工阶段使用。

从工作效果的角度看，在交付质量方面有明显提升，在工作效率方面对于不同专业的影响不同，主要体现在：

（1）基于 BIM 技术的设计方式，能够为设计分析优化，解决错、漏、碰、缺等问题提供有效的技术手段，因此能够大幅度提升设计质量。

（2）在设计效率方面，使用 BIM 模型生成二维视图的方式大幅度提升了出图效率，其中建筑、结构两个专业较为明显。对于机电专业，虽然也提高了出图效率，但是设计变更对机电专业的影响更大，使得总体效率提升不明显。

2.5　建筑工程设计阶段的协同工作原则及规范

建筑设计的工作包括多个学科，建筑、结构、给排水、暖通、电气等，是需要相当数量的多个专业的人员之间密切配合，才能完成多个子系统共同构建的复杂体系，是各个不同的专业之间创建并交换信息，借此完成自身专业任务的过程，在这个工程中比较重要的是"交换有效信息"与"有效交换信息"。

在传统二维设计模式下，多采用定期、节点性的提供资料，通过图纸来进行专业间的业务数据交换，这种传统方式明显存在着数据交换不充分、理解不完整的问题。此外，图纸间缺乏相互的数据关联性，也经常会造成不同图纸表达不一致的问题。在设计阶段应用 BIM 技术后，各方可基于统一的 BIM 模型随时获取所需的数据，实现并行的协同工作模式，改善各方内部及相互间的工作协调与数据交换方式。通过建立起的协同工作环境，不同专业之间能够建立良好的协作机制，打破各专业部门之间传统封闭的模式，使设计团队能在不同时间不同地点协同工作，而且在设计人员之间保证了设计内容的一致性，交换的信息能够及时准确地传递，便于发现设计中存在的矛盾和不合理现象，及时协调解决、协作修改，使项目运行过程流畅自如，从而减少避免反复工作，降低成本，提高设计工作的效率、质量以及成本效益。

由此可以看出，设计阶段的协同工作就是协调多个不同设计资源或者设计个体，使之能一致地完成设计目标的过程。设计协同一般可分为内部协同和外部协同两类，内部协同又可分为专业内协同和专业间协同。

2.5.1　建筑协同设计应用的特点

1. 网络化工作

现代建筑协同设计的产生本来就是依靠计算机网络技术，通过一个可供各专业设计人员交流的平台，充分发挥网络优势，完全在网络上展开工作。设计团队中各专业的设计师可以利用电脑完成各自的工作，通过网络把设计好的图纸上传到服务器指定的工程目录下，也可以从指定的目录下下载自己所需的其他专业或者本专业的信息、图纸。

2. 人员分工与合作

在传统的建筑设计中，本可以同时进行的工作却要一步一步地完成，等待时间较长，专业化的分工可以使各专业设计者同时进行工作，提高生产效率。因此建筑协同设计需要高度强化的团队合作，负责人需要对设计团队的每个工程师进行授权分工，并通过平台组织管理人员。负责人也可以调用设计者的设计资料成果帮助及时提出设计修改意见。每位设计团队人员必须了解个人分工情况和掌握协同设计工作要求和标准后才可以更好地工作。而且在建筑设计中强调设计的技术先进性，每个专业的每个设计人员都有自己的想法和设计理念，会造成在整体建筑设计方案上的偏差，导致需要设计出的成果进行反复的讨论修改，浪费了大量的时间和精力。通过协同设计系统，无论团队的设计者身处何地、何时都有一个可以讨论交流的平台，方便形成一致性设计意见，分析更改实时数据，这样就可以节约大量的设计时间。

3. 图纸组织与参照

建筑设计向更专业化的方向发展，在设计过程中细分建筑设计细节，同时还要保持整体建筑项目的设计参数，需要团队中各级负责人将一部分图纸设定各级参照关系，也可以在工程不断推进过程中，随着设计的需要，增加图纸和图纸参照关系，从而可以使图纸组织有序。

4. 设计标准和要求的统一

在传统的建筑设计中，由于大都强调个体的工作，设计标准难以统一，以致设计成果千差万别。通过协同设计平台的建筑协同设计则必须要求建立统一的设计标准和设计要求，这样才能将分工合作的设计成果对接整合，充分发挥专业的优势，完整地体现设计者的设计构思，加快设计团队的工作效率，构建出优秀的设计交付成果。

2.5.2 协同工作基础环境建设原则

BIM 协同设计与传统二维设计不同，将基于统一的 BIM 模型数据源，保持数据良好的关联性与一致性，完成高度的数据共享，实现对信息的充分使用。

因此，BIM 协同设计对于 BIM 模型数据的存储与管理要求比传统二维设计方式的要求更高，单纯依靠简单的人工管理手段无法达到良好的协同工作效果，必须采用基于 BIM 技术的协调手段，实现集中式存储与管理，以达到协同设计目标。为此，首先要搭建企业 BIM 协同工作基础环境，应遵循如下原则：

（1）应建立统一的 BIM 数据集中存储与管理平台及应用规范，使各方面的人员对数据的索取与提交都通过该统一平台进行，以保证交付数据的及时性与一致性。

（2）协同平台应建立相应的数据安全体系，并制定针对 BIM 应用的数据安全管理规范，其内容包括服务器的网络安全控制、数据的定期备份及灾难恢复、数据使用权限的控制等。

（3）依据企业参与 BIM 协同设计工作的不同人员角色，分配不同的人员读、写权限，既可以互相及时得到准确的数据，又不会相互影响干扰。

在企业搭建了 BIM 协同平台后，还应对协同的工作方法进行定义并制定相应规范。下面将分别就内部协同、外部协同两个方面，制定业务协同规范。

2.5.3 内部协同规范

内部协同一般可分为专业内和专业间两种业务协同模式。设计单位的内部协同工作规范可遵循如下几个原则：

（1）基于统一的 BIM 模型数据源进行，以实现实时的数据共享。

（2）应制定合理的任务分配原则，以保证各设计者、各专业间协同工作顺畅有序。

（3）应考虑企业现有的软硬件条件，制定合理的协同工作流程，以避免超负荷运行所带来的损失。

（4）各专业间应建立互不干涉的协同工作平台权限，实时共享数据，但不能任意修改。

1. 专业内协同设计

专业内的业务协同采用基于同一 BIM 数据模型的实时协同设计方式，即工作组成员可在本地终端对服务器中的同一个设计中心文件（BIM 模型）实时进行设计。如基于 Revit 的建筑专业内协同设计，每个人的设计内容都应及时同步到文件服务器上的设计中心文件中，以确保设计师之间可以互相参照对方最新的设计成果，同时还可以相互借用属于对方的某些建筑图元进行交叉设计，从而实现成员间的实时数据共享。

2. 专业间协同设计

不同的 BIM 软件有不同的协同方式，如在 Revit 软件中，存在工作集和文件链接两种方式。下面给出这两种方式的应用示例。具体采用哪种方式可根据项目的大小及复杂程度而定，通常专业内协同设计采用工作集方式，专业间协同设计通常采用工作集及文件链接形式。

中国水电顾问集团昆明勘测设计研究院在机电项目设计过程中，采用 Revit 工作集方式进行专业间的协同工作。首先几个相关专业在同一个 BIM 数据模型中进行协同设计，根据各专业的参与人员及专业性质划分工作集，以实现实时协同设计和有效沟通。这种多专业单一模型的方式对模型进行集中存储，数据交换的及时性强，但对服务器配置要求较高。

中建五局在无锡恒隆广场的机电深化过程中，采用了 Revit 的文件链接方式进行多专业协同。这种方式管理相对简单、方便，使用者可以依据需要随时加载模型文件，各专业之间的调整相对独立，但数据相对分散，协作及时性稍差。

2.5.4 外部协同规范

企业内部协同工作通常在同一局域网内进行，网络带宽基本可以得到保障，但对于与外单位的数据交换及企业异地的业务协同，现阶段由于受到 Internet 广域网带宽的限制，协同方式将受到一定限制。因此，现阶段在企业制定外部协同规范时，应充分考虑到外部协同工作的特点及现阶段条件的限制，应遵循如下几个原则：

（1）对于对外的数据交互协作过程，应考虑到数据的安全性、可追溯性等方面的问题，可考虑采用专业的协同设计平台软件或数据交换软件完成。

（2）现阶段对于异地的 BIM 业务协同，存在网络带宽的限制，应采用阶段性或定期的数据交互方式，以保证并行工作的数据传输效率，使协同工作能够正常进行。

2.6 BIM 技术的设计成果交付

随着 BIM 技术的普及应用，设计成果的交付模式也开始由从二维技术特征向三维技术特征转变，但这个转变是一个相当长的变化过程。它不仅涉及设计单位的交付规范，还与建设相关单位的管理制度、设计要求等诸多方面相关联。

在传统的交付模式中，建筑设计行业已经建立起了相对成熟的基于二维技术的交付标准，并且对设计交付内容及深度有着比较明确的规范和严格要求，建设管理部门也建立了相应的行业制度。但是，随着 BIM 技术的快速发展和应用，三维模型成为设计信息的主要载体，三维模型所承载的设计信息是统一和关联的，它的交付不仅是模型交付，还包括由模型所产生的模拟仿真结果交付、分析结果交付和量价计算结果交付等一系列交付成果，同时还可以直接生成与模型相关的二维视图。而传统的二维交付模式图纸、表格和文档所承载的信息往往是孤立和离散的，所形成的设计交付结果是单一和有限的，这与 BIM 设计交付相比有着本质的差异。

2.6.1 BIM 交付目的

BIM 设计交付物是指在建筑设计各阶段工作中，应用 BIM 技术按照一定设计流程所产生的设计成果。它包括建筑、结构、机电，以及综合协调、模拟分析、可视化等多种模型和与之自动关联的二维视图、表格和相关文档等。

BIM 技术以三维实体模型为基础，以建筑对象为核心，实现统一的、结构化的信息存储，并在虚拟的三维空间中，实现可视化的建筑设计。BIM 技术所形成的应用成果要体现以下几个方面：

（1）BIM 交付可以提供优化的设计方案。BIM 技术为设计方案优化提供便捷的手段，使复杂建设项目的优化过程成为可能。

（2）BIM 交付可以提供精准的设计数据。BIM 技术突破了传统二维设计的技术限制，能够使设计达到更高质量，同时能够完成很多在二维设计方式下很难进行的工作，如复杂建筑构件设计，预留孔洞的精准布置，管线综合的软、硬碰撞问题等。

（3）BIM 交付可以提供综合协调成果。通过建立综合协调模型，可以完成如电梯井布置与其他设计布置及净空要求的协调，防火分区与其他设计布置的协调，地下排水布置与其他设计布置的协调等工作。

（4）BIM 交付可以提供丰富的建筑分析。BIM 模型的创建，使建筑分析的各项工作能够提早展开并大规模进行，直接提高了建筑性能和设计质量。

（5）BIM 交付可以提供可视化的沟通手段。通过 BIM 模型直接展示设计结果（如三维效果图、动态漫游、4D 进度维度及 5D 成本维度展示等），可以使各参与方之间进行有效的沟通，并能更加准确地理解设计意图。

（6）BIM 交付可以提供与模型关联的二维视图。BIM 模型可以帮助设计人员准确地生成复杂二维视图（如剖面图、透视图、综合管线图、综合结构留洞图等），并保持与 BIM 模型的关联性。

2.6.2 BIM 交付物内容

由于 BIM 技术还处于起步阶段，还没有建立起来完善的交付物标准，对 BIM 交付物的内容还存在不同的理解，但是，总的来说，BIM 交付物的内容，应以优化建筑设计、提高设计质量为目标，将交付内容的重点放在 BIM 技术的优势方面。下面是对建筑设计各阶段的 BIM 交付内容提出的建议。

1. 方案设计阶段的 BIM 交付物内容

在方案设计阶段，BIM 工作内容应包括：建立统一的方案设计 BIM 模型；通过 BIM 模型生成平立剖等用于方案评审的各种二维视图；进行初步的建筑分析并进行方案优化；为制作效果图提供模型；根据需要生成多个方案用于比较选择。具体内容如下：

（1）BIM 方案设计模型。应提供经建筑分析及方案优化后的 BIM 方案设计模型，也可同时提供用于多方案比选的各 BIM 方案设计模型。

（2）建筑分析模型及报告。应提供必要的初步能量分析模型及生成的分析报告。对于大型公共建筑，特别是复杂造型项目，还应进行空间分析、结构力学分析、声学分析、能耗分析及采光分析等，并提供分析报告。

（3）BIM 浏览模型。应提供由 BIM 设计模型创建的带有必要工程数据信息的 BIM 浏览模型。此模型可以用于模型审查、批注、浏览漫游、测量、打印等，但不能修改。

（4）可视化模型及生成文件。应提交基于 BIM 设计模型的表示真实尺寸的可视化展示模型，及其生成的室内外效果图、场景漫游、交互式实时漫游虚拟现实系统、对应的展示视频文件等可视化成果。

（5）由 BIM 模型生成的二维视图。由 BIM 模型生成的二维视图可直接用于方案评审，包括总平面图、各层平面图、主要立面图、主要剖面图、透视图等。

2. 初步设计阶段的交付物内容

在初步设计阶段，BIM 工作应包括：建立各专业的初步设计 BIM 模型；基于 BIM 模型进行必要的建筑分析；建立 BIM 综合模型进行综合协调；基于 BIM 模型优化建筑设计；通过 BIM 模型生成各类二维视图。相应的，初步设计阶段的 BIM 交付物应包含如下内容：

（1）BIM 专业设计模型。应提供各专业 BIM 初步设计模型。

（2）BIM 综合协调模型。应提供综合协调模型，重点用于进行专业间的综合协调及完成优化分析等工作。

（3）BIM 浏览模型。与方案设计阶段类似，应提供由 BIM 设计模型创建的带有必要工程数据信息的 BIM 浏览模型。

（4）建筑分析模型及报告。应提供能量分析模型、照明分析模型及生成的分析报告，并根据需要及业主要求提供其他分析模型及分析报告。

（5）可视化模型及生成文件。应提交基于 BIM 设计模型的表示真实尺寸的可视化展示模型及其创建的室内外效果图、场景漫游、交互式实时漫游虚拟现实系统、对应的展示视频文件等可视化成果。

（6）由 BIM 模型生成的二维视图。该阶段由 BIM 模型生成的二维视图的重点应是通过二维方式绘制比较复杂剖面图、立面图等视图，对于总平面图、各层平面图等建议由 BIM 模型直接生成。

3. 施工图设计阶段的交付物内容

此阶段的 BIM 工作主要包括：最终完成各专业的 BIM 模型；基于 BIM 模型完成最终的各类建筑分析；建立 BIM 综合模型进行综合协调；根据需要通过 BIM 模型生成所需的二维视图供施工图绘制使用。相应的，施工图设计阶段的 BIM 交付物应包含如下内容：

（1）BIM 专业设计模型。应提供最终的各专业 BIM 设计模型。

（2）BIM 综合协调模型。应提供综合协调模型，重点用于进行专业间的综合协调，检查是否存在因为设计错误造成无法施工等情况。

（3）BIM 浏览模型。与方案设计阶段类似，应提供由 BIM 设计模型创建的带有必要工程数据信息的 BIM 浏览模型。

（4）建筑分析模型及报告。应提供最终能量分析模型、最终照明分析模型、成本分析计算模型及生成的分析报告，并根据需要及业主要求提供其他分析模型及分析报告等。

（5）可视化模型及生成文件。应提交基于 BIM 设计模型的表示真实尺寸的可视化展示模型，以及其创建的室内外效果图、场景漫游、交互式实时漫游虚拟现实系统、对应的展示视频文件等可视化成果。

（6）由 BIM 模型生成的二维视图。在经过碰撞检查和设计修改，消除了相应错误以后，可根据需要通过 BIM 模型生成或更新所需的二维视图，如平立剖图、综合管线图、综合结构留洞图等。对于最终的交付图纸，本阶段可将视图导出到二维环境中再进行图面处理，其中局部详图等可不作为 BIM 交付物，在二维环境中直接绘制，或在 BIM 软件中进行二维绘制。

2.6.3 BIM 交付物数据格式

按 BIM 交付物内容区分，交付数据格式包括 BIM 设计模型及其导出报告文件格式、BIM 协调模型及其模拟协调报告文件格式、BIM 浏览模型格式、BIM 分析模型及其报告文件格式、

BIM 导出传统二维视图数据格式、BIM 打印输出文件格式等。由于不同的 BIM 软件数据格式不同，此处仅以 Revit 平台给出一个示例。

示例：基于 Revit 的 BIM 成果交付数据格式。

1. Revit 设计 BIM 模型

（1）单体、分专业 Revit 设计参数化 BIM 模型：一系列 Revit 的 ".rvt" 格式电子版文件。

（2）全专业 Revit 整体 BIM 模型：一系列 Revit 的 ".rvt" 格式电子版文件。

（3）由 Revit BIM 模型创建的主要构件统计表文件。

1）Revit 的 ".rvt" 格式电子版文件。

2）带分隔符的 ".txt" 纯文本格式或 Microsoft Office 的 ".xlsx" 电子表格文件。

2. BIM 图纸（PDF 电子图纸及纸质图纸）

（1）由 Revit 打印的 ".pdf" 格式电子版图纸。

（2）用 PDF 电子图纸打印的纸质图纸。

3. Navisworks 浏览模拟 BIM 模型

（1）基于分单体、分专业（甚至分楼层）创建的 Navisworks 浏览、模拟、管线综合模型：".nwc"（或 ".nwd"，".nwf"）格式电子版文件。

（2）基于全专业 Revit 整体模型创建的 Navisworks 模型：".nwc"（或 ".nwd"，".nwf"）格式电子版文件。

（3）Navisworks 创建的施工进度示意模拟展示文件：".nwd" 格式电子版文件，".avi" 视频格式文件。

（4）DWF 浏览 BIM 模型：".dwf" 格式电子版文件。

（5）AutoCAD DWG 模型：".dwq" 格式电子版文件。

随着建筑全生命周期概念的引入和参数化设计、施工、运维的应用，以 BIM 模型为主要载体的信息表达方式将会发挥重要的信息传递和信息表达作用，并推动建筑行业的技术进步。BIM 交付物相关交付标准将会越来越完善，传统的二维交付模式将逐步过渡到以 BIM 模型为主，并关联生成其他相关设计交付物的交付体系和方式，最终实现产业链间数字化移交的根本目标。

项目三　招投标与合同 BIM 管理技术

国内建筑业近几年的发展速度较快，但是在快速发展的同时，各种弊端也凸显出来。而 BIM 技术的应用在这种背景下也逐渐崭露头角，在国内不但得到了广泛的认识，更是迅速深入到工程建设行业的方方面面。此外，国家有关部委和地方政府也大力推动 BIM 技术的发展，为促进 BIM 技术加速发展先后出台了相关的指导意见：住建部在 2011 年 5 月 10 日印发了《2011—2015 年建筑业信息化发展纲要》，此纲要中 8 次提及 BIM 技术。2014 年 7 月 1 日印发的《关于推进建筑业发展和改革的若干意见》中指出推进建筑信息模型 BIM 等信息技术在工程设计、施工和运行维护全过程的应用，提高综合效益。2015 年 6 月 16 日印发的《关于推进建筑信息模型应用的指导意见》等，各省也相应出台了推进 BIM 应用的相关文件，比如辽宁、山东、广州、北京等均制定并颁布了关于 BIM 技术应用等方面的指导意见及标准文件。

3.1　工程招投标与合同管理概述

在当前背景下，建筑市场与招标投标行业已进入新常态。这种新常态具有以下明显的特点：一是以互联网＋为标志，大数据、BIM 技术、电子化等三大科技手段正在促进工程建设领域快速发展并产生质的飞跃，也为建筑业的改革发展带来革命性、方向性的变化，同时 PPP 项目等一系列新的资本运作模式也正给我们的招投标方式带来新的挑战和思考。二是我们的行政监管正在充分体现简政放权的理念，在取消非行政许可事项的同时，进一步简化审批事项，延伸服务内涵。三是按照国务院最新要求全国招投标交易场所，正在进行全面整合，公共资源及建设工程交易中心从传统意义的监管服务方式正向信息化、电子化交易服务平台转变。四是随着政府指导价格的放开，企业资格要求的弱化，整个行业都面临如何健康持续发展的新课题。

3.2　基于 BIM 技术的工程招投标管理

随着当下建筑构造越来越复杂，工程量的计算对于业主方以及投标方而言都是一项艰巨而繁重的工作。现在的工程招投标项目时间紧、任务重，甚至还出现边勘测、边设计、边施工的工程，甲方招标清单的编制质量难以得到保障。而施工过程中设计变更等各种因素导致的工程量增减也变得难以控制，结算费用一超再超的情况时有发生。要想有效地控制施工过程中的变更多、索赔多、结算超预算等问题，关键是要严格控制招标清单的完整性、清单工程量的准确性以及合同清单价格的合理性。

对投标人而言，投标文件中商务标的部分是重中之重。但是由于投标时间比较紧张，要求投标方必须根据相关资料快速、准确地计算价格，制定施工方案，这就对投标人员提出很高的要求，他们需要大量的人力、精力的投入，并且最终计算结果准确度高低与否都存在很大的风险。

而 BIM 技术在工程招投标领域中的推广与应用，可以极大地促进招投标管理的精细化程度和管理水平。在招投标过程中，招标方可以根据 BIM 模型快速而又准确地编制工程量清单，达到完整算量、快速算量、精确算量，有效地避免漏项和错算等情况，最大限度地减少施工阶段因工程量问题而引起的纠纷。投标方可以根据 BIM 模型快速获取正确的工程量信息，与招标文件的工程量清单比较，可以制定更好的投标策略。

3.2.1 BIM 技术在招标工作中的应用

在项目招标前期和招标过程中，利用 BIM 技术可以有效地帮助招标方进行项目阶段的划分，项目进度计划的安排，工程量清单的快速统计，工程各种资料的准确整理归类等，节约招标工作的时间和成本，并且能够帮助业主选择符合项目要求的投标单位，协助业主方进行施工阶段工程项目的管理工作。

在工程项目招标环节，如何快速而又准确、全面地计算工程量清单是该阶段的核心关键。但是传统的工程量计算不论是手算模式还是软件套价模式，都需要大量的人工，耗费大量的时间和精力，并且计算结果的准确度控制一直是个难点。而 BIM 是一个包含整个工程信息的巨大数据库，它可以真实地提供工程量计算所需要的物理和空间信息。借助这些信息，计算机可以快速针对计算机内已经构筑好的各种构件进行数据分析及数据统计，从而大大地减少人工根据图纸统计工程量带来的大量数据统计及计算。同时，计算机进行数据计算的准确率、漏算率等各项指标都比人工手算的要具备优势，这会使整个工作的效率和准确性得到显著提高。

3.2.2 BIM 技术在投标工作中的应用

在工程项目的投标工作中，投标人可以借助 BIM 手段直观地进行项目虚拟场景漫游，在虚拟现实中身临其境般地进行投标方案及计划的体验和论证。首先可以针对施工组织设计方案进行论证，就施工中的重要环节进行可视化模拟分析，按时间进度进行施工安装方案的模拟和优化。对于一些重要的施工环节或采用新施工工艺的关键部位、施工现场平面布置等施工指导措施进行模拟和分析，以提高计划的可行性。在投标过程中，通过对施工方案的模拟，可以将工程更加直观、形象地展示给投标方。

基于 BIM 的 4D 进度模拟建筑施工是个高度动态和复杂的过程，当前建筑工程项目管理中经常用于表示进度计划的网络计划，由于其专业性强、可视化程度低，无法清晰描述施工进度以及各种复杂关系，难以形象表达工程施工的动态变化过程。通过将 BIM 与施工进度计划相链接，将空间信息与时间信息整合在同一个可视的 4D（3D+Time）模型中，可以直观、精确地反映整个建筑的施工过程和虚拟形象进度。4D 施工模拟技术可以在项目建造过程中合理制订施工计划，精确掌握施工进度，优化使用施工资源以及科学地进行场地布置，针对整个工程的施工进度、资源和质量进行统一管理和控制，以缩短工期，降低成本，提高质量。此外借助 4D 模型，施工企业在工程项目投标中将获得竞标优势，BIM 可以让招标人比较直观地了解投标单位针对投标项目所制定的主要施工工艺操作方法、施工安排是否均衡、总体计划是否合理、资源配置是否科学等，从而对投标单位的施工经验和实力做出有效评估。

BIM 可以方便、快捷地进行施工进度模拟、资源优化，以及预计产值和编制资金计划。通过进度计划与模型的关联，以及造价数据与进度关联，可以实现不同维度（空间、时间、流水段）的造价管理与分析。将模型和进度计划相结合，模拟出每个施工进度计划任务对应所需的资金和相关资源，形成进度计划对应的资金和资源曲线，便于选择更加合理的进度安排。通过对 BIM 模型的流水段划分，可以按照流水段自动关联快速计算出人工、材料、机械设备和资金等的资源需用量计划，这一方式不但有助于投标单位制定合理的施工方案，方便而形象地展示给甲方，同时如果投标人中标，进入施工过程后，还能够使中标人方便快捷地评估施工进度进行资源配置，并查漏补缺。总之，BIM 对于建设项目生命周期内的管理水平提升和生产效率提高具有不可比拟的优势。利用 BIM 技术可以提高招标投标的质量和效率，有力地保障工程量清单的全面性和精确性，促进投标报价的科学性、合理性，加强招投标管理的精细化水平，减少风险，进一步促进招标投标市场的规范化、市场化、标准化的发展。可以说 B1M 技术的全面应用，将为建筑行业的科技进步产生无可估量的影响，大大提高建筑工程的集成化程度和参建各方的工作效率。同时，也为建筑行业的发展带来巨大效益，使规划、设计、施工乃至整个项目全生命周期的质量和效益得到显著提高。

3.3 基于 BIM 技术的合同管理

在项目合同运营管理中，传统的项目合同管理已经很难满足当前建筑合同的运行。合同管理的主要作用是在复杂工程生产经营中能够减少不必要的损失，但是在实际项目中，由于建筑工程建设周期耗时长，环境复杂，同时需要建设单位、施工单位、设计单位和监理单位等多方的相互配合，所以在建设项目的实施过程中，加强合同管理是很有必要的。BIM 的合同管理其实就是根据相关的实际操作，优化相关合同条款。

由于 BIM 技术在国内处于刚起步的发展阶段，再加上工程管理的 BIM 标准还没有形成，缺乏相关的工程合同管理文件等，使得工程项目寿命周期各个阶段的 BIM 应用也缺乏相应的合同管理制度，这也是 BIM 技术在国内建筑行业全面应用存在的主要问题。BIM 技术在设计、施工阶段的应用，不管是业主方、设计方还是施工方，都缺乏相应规范化的 BIM 管理工作流程，尤其是在合同管理方面，基于传统的工程合同文本无法做到对 BIM 技术应用的规范化管理和相应的合同条款的规定。解决 BIM 技术在国内建筑工程领域中全面应用的主要障碍之一就是根据国情制定相应的 BIM 工程合同管理体制。

由于目前国内 BIM 的应用程度不高，相关的 BIM 应用标准也是相对缺乏的。然而 BIM 技术在工程项目领域中的应用在一定范围内也是存在的，为了更好地推广和应用 BIM 技术，规范 BIM 在工程项目中的应用，必须解决 BIM 在实际应用中的合同问题。长期以来，国内建筑业在发展的过程中也形成了具有中国特色的工程合同体系，尤其是最近几年，由于不同的项目管理形式的出现和应用，国家相关部门也随之出台了多种形式的工程合同管理范本，也形成了相当成熟的合同条款管理体系。但是这些合同范本的共同特点是没有对 BIM 的应用提出相应的条款。但是，鉴于 BIM 在工程应用中的实际情况，可以以附件的形式对 BIM 技术在项目中的应用做出相关的合同条款的补充。比如：模型的发展和各方的责、权、利的划分；共享模型和模型的可靠性；知识产权以及 BIM 项目执行规划要求等具体的 BIM 合同语言；BIM 合同管理流程图等，这样有效地解决项目各方在 BIM 实施过程中遇到的各种问题。推动 BIM 技术在我国实际项目中的应用，这也是目前情况下我国 BIM 合同管理体系的一种选择方式。

由于当前工程项目复杂程度的增加、参与方的不断增多、项目管理范围的扩大，也必然增加了项目管理的难度。BIM 技术在工程项目中的应用，基于传统的工程合同文本增加附件式的 BIM 合同条款，在项目前期进行 BIM 项目的工作方式的规划，明确项目各个参与方之间的工作范围、相关责任，在工程合同管理中可以高效可视化地对项目进行管理，在优化合同管理的同时，最大限度地帮助业主进行全过程的工程项目管理工作。

传统的工程合同在制定的过程中都是基于一般的文档形式依据项目各个参与方之间的交流协商进行的，尤其是大型复杂项目有时难以达到项目实际情况的要求。所以在项目的执行过程中，就会出现工作的纠纷，项目参与方之间的相互推诿，责任难以划分，导致合同索赔的发生，影响工程进度，甚至难以保证工程的质量，以至于业主不仅成本控制没有达标，甚至后期的质量维护都成为难以解决的问题。BIM 技术在工程合同管理中的仿真模拟，就是根据项目的实际情况，在对项目进行模拟仿真的基础上，制订责任明确、各种方案优化的合同条款。对于项目施工方案的制订，可以利用 BIM 技术对各个施工方的施工方案进行模拟，同时在模拟的基础上进行施工方案的优化，增加中标的机会。对于人员组织方案和材料供应方案，在不同的项目管理模式的基础上，利用 BIM 技术模拟方案，可以对项目人员的投入是否符合项目管理跨度的要求，材料供应地点选择是否符合工程进度计划的进行等问题进行标注。BIM 对于工程合同管理的仿真模拟，可以有效地实现工程合同的高效执行，节约项目各个阶段的资金、时间的投入，实现工程合同管理的可视化。

在参与方众多的大型复杂项目的管理中，通过合同进行管理沟通的业主方和项目各个参与方之间，在合同的执行过程中难免出现管理的交叉干扰。项目管理跨度、工作范围的扩大，各个合同关系方之间的工作路径、工作界面、工作范围会出现不同程度的碰撞，比如业主方与施工方等因为不同的造价方式而出现的清单模式的不同而发生纠纷，影响项目的进度也在所难免。BIM 技术在众多参与方之间进行工程合同管理中的干扰检测，对于合同的签订、合同的执行、合同的管理产生积极的效果。利用 BIM 进行造价模式的仿真，可以避免在后期施工过程中和工程结算过程中由于进度款的结算误差而出现纠纷，导致一些经济、质量问题的发生。BIM 对于工程合同管理中的干扰检测，可以帮助业主实现合同工作内容的"零碰撞"。

通过对 BIM 模型的特点及功能分析，可以推断在项目合同管理中应用 BIM 至少能够实现以下四大目标：

1. 合同范围更加明确，减少工程变更

BIM 模型以 3D 视图表达建筑物实体，克服 2D 视图表达的冗余、抽象等问题，让项目设计、施工、运营全过程回归到建筑物的本面目——3D 立体实物图，所见即所得。BIM 模型的 3D 表达，能够提供项目准确的空间关系，有利于工作界面、工作内容的划分，合同范围更容易明确。同时 BIM 模型能够及时发现项目中不合理部分，减少工程变更，增强管理能力。在合同管理过程中，越来越多的合同纠纷产生于后期的维护阶段，BIM 技术后期合同管理成为开发的重点，大数据的汇总与解析是这一管理系统的关注点，主要的任务是如何打造基于 BIM 数据的资产管理平台，集物业管理和资产管理于一身，有效降低运维成本，解决 BIM 数据后续应用问题。

2. 降低风险

建筑工程中引用 BIM 的本质就是降低成本和减少风险，BIM 技术对建设项目的各阶段产生了重要的影响，它对工程项目全生命周期都能产生跟踪和预测作用。从合同传统的分配原则分析，风险的提出指的是较为狭义的风险，如 ICE 合同范本与 FIDIC 合同范本都是采用可预见性风险分配原理，这个原理没有充分考虑到双方对风险事件的偏好和能力问题，所以在风险分配上存在一定的局限性。NEC（英国土木工程师新合同）是该合同管理体系的典型运用，它强调分配的公平性，但同样无法理性、有效地合理分配，可见传统的合同风险管理分配原则很难做到公平公正。作为影响整个建筑全生命周期的 BIM 技术，其技术的不断完善使得信息的掌控和资源的分配得到逐步提高，有效的资源能够有效地获取，将各方面资源逐步完善，风险的处理能力也能不断加强，弥补传统的不足，参与双方的权利义务更加平等。运用 BIM 技术进行合同风险分配，一方面能考虑到项目双方的风险偏好，另一方面考虑到了现实过程中风险的不断变化对双方造成的影响。

3. 降低合同签约成本，提升管理水平

BIM 模型集成了项目全部信息，项目参与方共享同一模型，即保证了项目信息在传递过程中的一致性，减少了沟通成本。另外，BIM 模型能够实现工程量统计、成本测算、工期计划等一系列功能，可以节约相当一部分人力、物力、财力，从而降低项目建设成本。将 BIM 模型应用于项目全过程管理，能够实现集成式管理，加快决策进度，提高决策质量，有助于项目管理水平的提升。

4. 强化合同文件管理，增加盈利可能

合同是建设工程项目管理的核心，是规范和确定合同双方权利义务关系的重要凭证。任何项目的实施，均需通过签订一系列的合同来实现，因此整个项目实施过程中，合同数量少则几十个多则上百个，合同文件管理工作异常繁重。而 BIM 应用中很有特色的文档管理也有助于解决上述难题。BIM 能够储存、记录并生成一系列的文档（如工程量统计表、材料清单、进度计划等），这些均是合同管理的基础性资料，该部分资料齐整与否直接反映项目合同管理的水平高低。完善的合同文件管理体系，能够有效地避免索赔、扯皮现象的发生。如果证据充分，甚至可以进行反索赔，增加盈利的可能。

综上所述，在项目合同管理中应用 BIM，可以有效地缩短签约时间，减少失误，节约资源，提高效率，从而实现项目的经济效益和社会效益。通过 BIM 软件平台的时间点对应的具体工程总进度和工程量来编制进度计划，获得各阶段所需要的人员、材料、机械用量，可以建立 BIM 的 4D 模型，使施工进程可视化，并且有利于下一步的工作内容和工作安排，保证项目按进度进行。

虽然 BIM 技术可以给项目合同管理工作带来诸多好处和便利，但是目前有些问题急需解决之后才能使 BIM 技术顺利推广。现在急需解决的问题如下：

（1）BIM 推广及应用的法律、规范建设。

项目合同的参与者往往只重视合同的签订，忽略随着项目的进行，合同的动态变化。合同管理的真正目的在于及时准确地纠正实际情况与合同文件的偏差，实行动态的管理。BIM 技术可以通过施工流程模拟、信息量统计等给项目合同管理提供技术支持，是每个阶段要做什么，工程量是多少，下一步做什么，每一阶段的工作顺序是什么，都变得显而易见，增强了管理者对合同实施的掌控能力。基于 BIM 技术的项目合同管理需要建立与之相适应的工程合同体系，应用 BIM 技术的工程合同体系应从项目全寿命周期角度去提供适应 BIM 标准的工程合同，就目前而言，我国在短时间内还难以确定适应 BIM 技术在项目合同管理中应用的工程法律基本制度，但是可以通过对现有建设工程合同示范文本体系的修改，或是通过增加专用条款，亦或是增加合同附件的技术手段为 BIM 技术在工程合同管理中提供合约基础和基本制度保障。因此 BIM 合同文本的设置要有针对性，依据项目本身性质及合同签约主体的不同，需充分考虑合同约定内容的差异性以及合同参与主体的特殊性，有针对性地设计各类合同的通用条款及专用条款。

（2）BIM 应用的责任归属要明确区分。

BIM 是在建筑全生命周期内的应用，从规划设计到运营，建筑信息随着工程项目的进展不断进行累积，项目各方可能均使用了其他相关方采集的信息，同时也都在已有信息基础上进行了加工和修改，知识产权方面的法律责任也在随之变更。项目参与方在使用 BIM 的信息载体软件进行信息的输入和输出的过程中，需要有保证信息完整性和准确性的责任条款设置以及涉及相关知识产权归属条款的设置。

（3）BIM 全寿命的信息管理要有协同性。

传统的项目管理在不同的阶段，信息不能被有效地获取、共享，增加了各个参与方信息管理的成本，降低了管理效率。基于 BIM 的项目管理，首先要确定具体的软硬件平台为信息的存储库，为各个参与方及时获取信息提供平台。其次要重视对新的信息管理理念的培训，为信息的传递提供人员的保障，从而加强项目的协同设计，统筹管理信息，同时可以强化文本信息的统筹能力。随着经济的快速发展，信息化负荷逐渐加重，建设工程项目中随着规模的增大，数据也会逐渐增加，使得大数据的立体化程度也逐渐增强。项目的完成需要众多的参与方，在项目的周期运营过程中大量非结构性的数据逐步产生，在这些数据中会有较多的数据以文本的形式出现，其中就包括合同管理中所需的大量信息。庞大的工程项目如何有效地管理这些文本信息成为一项重要的研究内容。目前 BIM 技术所产生的文本管理能力已经得到了主流思想的认可，与以往 CAD 的记忆功能不同，BIM 技术的文本信息管理的特征主要是通过立体管理模式，对信息进行全生命周期的集成管理，通过向量空间管理进行信息分类。通过余弦公式和向量进行识别性分析，再连接软件的运营平台，最终实现文本的排序和运营。这些纵向与横向的双向管理模式，增强了工程建设的文本信息管理。

BIM 有着美好的未来，实际操作中也有很多的挑战。与传统的平面设计相比，BIM 有明显控制全局的能力，对项目参与方都起连带作用，因此在操作控制时将面临各方面的技术协调问题。掌握这门技术就可以通过 BIM 的信息化提高合同管理水平，BIM 技术的模型创建标准和现场信息采集标准在巨大的数据支撑下要动态描述建筑物标准和功能，这需要巨大的信息平台支撑。传统的合同归档管理信息化程度偏低，大多工程项目合同管理是分散管理状态，一直以来合同的归档程序也没有明确规定，在履行的过程中也缺乏严格的监督，所以在合同履行后期没有全面评估和概括。BIM 技术的出现改变了合同管理中的不足，使合同管理在创建初期就介入管理沟通和协同作用，不但不影响合同管理应用软件的开发和使用，而且还能够在 BIM 技术的全生命周期起到协同作用。

项目四 成本管理BIM技术

4.1 成本管理概述

4.1.1 建设工程项目施工成本

1. 建设工程项目施工成本的概念

建筑工程项目施工成本是成本的一种具体形式，是建筑企业在生产经营中为获取和完成工程所支付的一切代价，即广义的建筑成本。在项目管理中，更多接触的是狭义建筑成本的概念，即在项目施工现场所耗费的人工费、材料费、施工机械使用费、现场其他直接费及项目经理为组织工程施工所发生的管理费用之和。狭义建筑成本是将成本的发生范围局限在某一项目范围内，不包括建筑企业期间管理费用、利润和税金，是项目经理进行成本核算和控制的主要内容。

与成本相对应，建筑工程项目成本管理就是在完成一个工程项目过程中，对所发生的成本费用支出，有组织、有系统地进行预测、计划、控制、核算、考核、分析等进行科学管理的工作，它是以降低成本为宗旨的一项综合性管理工作。成本与利润是两个互相制约的变量，因此，合理降低成本，必然增加利润，就能提供更多的资金满足单位扩大再生产的资金需要，可以提高单位的经营管理水平，提高企业的竞争能力。因此可以说，进行成本管理是建筑企业改善经营管理，提高企业管理水平，进而提高企业竞争力的重要手段之一。施工企业只有对项目在保证安全、质量、工期的前提下，不断加强管理，严格控制工程成本，挖掘潜力降低工程成本，才能取得较多的施工效益，使企业在市场竞争中永立不败之地。

2. 建设工程项目施工成本的分类

（1）按生产费用计入成本划分。

按生产费用计入成本的方法划分，可分为直接成本和间接成本，结构如图4-1所示。

直接成本是指施工过程直接耗费的构成工程实体的各项支出，包括人工费、材料费、施工机具使用费和其他直接成本。所谓其他直接成本是指除上述费用以外施工过程中发生的其他费用。

间接成本是指施工过程中非直接耗费的构成非工程实体的各项支出，是企业的各项目经理部为施工准备、组织和管理施工生产所发生的全部施工支出，它包括企业管理费、规费、税金以及其他费用等。

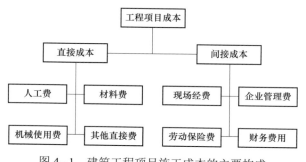

图 4-1　建筑工程项目施工成本的主要构成

（2）按成本发生时间划分。

按成本控制需要，从成本发生的时间来划分，可分为预算成本、计划成本和实际成本。

工程预算成本反映了各地区建筑业的平均成本水平。它根据施工图由全国统一的建筑、安装工程基础定额和由各地区的市场劳务价格、材料价格信息及价差系数，按有关取费的指导性费率进行计算。预算成本是确定工程造价的基础，也是编制计划成本和评价实际成本的依据。

建筑工程项目计划成本是指建筑工程项目经理部根据计划期的有关资料，在实际成本发生前预先计算的成本。如果计划成本做得越细、越周全，最终的实际成本降低的效果会越好。

实际成本是建筑工程项目在报告期内实际发生的各项生产费用的总和。不管计划成本做得多么细致周全，如果实际成本未能很好及时得到编制，那么根本无法对计划成本与实际成本加以比较，也无法得出真正成本的节约或超支，也就无法反映各种技术水平和技术组织措施的贯彻执行情况和企业的经营效果。所以，项目应在各阶段快速准确地列出各项实际成本，从计划与实际的对比中找出原因，并分析原因，最终找出更好的节约成本的途径。另外，将实际成本与预算成本比较，可以反映工程盈亏情况。

3. 建设工程项目施工成本的构成

（1）建筑工程施工成本。

建筑工程施工成本是指为建造某项合同而发生的相关费用，包括从合同签订开始至合同完成所发生的全部支出费用的总和，即人工费、材料费、施工机具使用费、企业管理费和规费之和。

（2）工程项目的全费用成本。

按照施工企业常用的成本计入方法分为直接成本和间接成本。直接成本是指施工过程中耗费的构成工程实体的各项费用，这些费用可以直接计入成本核算之中，由人工费、材料费、机械费和措施费构成。

间接成本是指非构成工程实体的各项费用，包括企业管理费和规费，间接成本按照财务的相关规定并以合理的方法分摊计入成本。

直接成本和间接成本之和构成工程项目的全费用成本。

（3）工程项目的全费用成本与建筑工程施工成本的区别。

工程项目的全费用成本＝建筑工程施工成本＋措施费

4.1.2 建设工程项目施工成本管理

1. 建设工程项目施工成本管理的概念

工程项目成本管理是在保证满足工程质量、工期等合同要求的前提下，对工程项目实施过程中所发生的费用，通过进行有效地计划、组织、控制和协调等活动实现预定的成本目标，并尽可能地降低成本费用、实现目标利润、创造良好经济效益的一种科学的管理活动。

项目成本的发生贯穿项目成本形成的全过程，从施工准备开始，经施工过程至竣工移交后的保修期结束。工程项目成本管理的过程可以分为事前管理、事中管理、事后管理三个阶段，具体包括了成本预测、成本计划、成本控制、成本核算、成本分析、成本考核六个流程。

2. 建设工程项目施工成本管理的程序

（1）掌握生产要素的市场价格和变动状态。

（2）确定建设工程项目合同价。

（3）编制成本计划，确定成本实施目标。

（4）进行成本动态控制，实现成本实施目标。

（5）进行建设工程项目成本核算和工程价款结算，及时收回工程款。

（6）进行建设工程项目成本分析。

（7）进行建设工程项目成本考核，编制成本报告。

3. 建设工程项目施工成本管理的任务

施工成本管理的任务主要是施工成本的预测、计划、控制、核算、分析以及考核这六个方面，其具体的任务分析如下：

（1）施工成本预测。

施工成本预测是在项目开工前期按照已有的成本信息以及项目具体实际情况，运用专业的手段对于工程施工成本的未来情况以及发展走向做一个预估。通过对施工成本的预测得到工程项目在施工过程中对其成本造成的影响进行比对分析，从而得到造成影响其成本波动的缘由。

（2）施工成本计划。

在工程项目的施工过程中，一般是对细部的工程耗费的成本进行具体而细致的分析，然后做出相应的计划。其可以指导项目工程在计划内所造成的成本方面的变动做出分析，从而给成本控制提供蓝本，进而制定出成本目标。

（3）施工成本控制。

施工成本控制是指在施工过程中对影响施工项目成本的各种因素加强管理，并采取有效措施，将实际发生的各种消耗和支出严格控制在成本计划范围内的过程。

（4）施工成本核算。

施工成本核算有两个部分，第一部分是按照施工成本计划，结合实际情况，得到施工过程中所耗费的实际成本；第二部分是运用相应的方法，并结合相应的各类成本核算对象，得出施工项目的总成本以及单位成本。

（5）施工成本分析。

在项目进行施工时，项目管理人员依照成本计划等对整个工程进行科学、高效的成本管控。项目工程的相关管理人员需要根据项目部所具备的各种资料，例如成本计划、定额、施工组织计划等。结合工程的实际情况，找出该工程在施工过程中的关键环节，对中的重难点进行探讨分析，并制定出相应的措施，依据此措施来对整个项目的成本进行管控。

（6）施工成本考核。

施工成本考核是指工程完工后，依据施工过程中所指定的相关成本计划和成本目标。参照相关规定和成本控制目标，进行多方面的综合考虑分析。由此得到项目在成本方面的任务完成的进度。对于在整个项目施工过程中，积极采取各种控制措施而使成本得到有效控制的管理人员或者完成了制订的相关计划或目标的人员予以嘉奖。而对未完成成本计划和成本目标，或者在施工过程中人为地造成了成本浪费的管理人员进行相应的处罚。

4.2 基于 BIM 技术的成本计划

4.2.1 基于 BIM 技术的成本计划的应用

传统的工程算量和施工成本计划是基于二维设计图进行的。造价人员需要首先理解图纸，然后基于该图纸在计算机软件中建立工程算量模型，在此基础上进行工程算量和施工成本计划。对施工单位来说，制订成本计划需要频繁地进行。成本计划的制订涉及大量工作，所以从事造价工作的人员往往需要加班熬夜。在能获得项目设计 BIM 数据的前提下，使用基于 BIM 技术的成本预算软件，可以通过直接利用项目设计 BIM 数据，省去理解图纸及在计算机软件中建立工程算量模型的工作，对工程算量和计价工作的支持是显而易见的。

随着工程的建筑规模不断扩大，结构造型日趋复杂，传统的工程量计算模式已难以适应。据统计，造价人员 50%～80%的时间都花在了工程量的计算上。信息化时代的到来，使三维算量软件越来越普及，通过工程图纸和造价软件进行三维建模，并结合软件自动计算、汇总等功能得到工程量和工程造价。这种利用几何运算和空间拓扑关系的模式，不但使运算变得自动化、智能化、方便快捷，还大大提高了工程造价的准确性。与此同时，将三维算量技术拓展到 4D BIM、5D BIM 技术，实现了建筑企业精细化管理，通过工程量信息、工程进度信息、工程造价信息的集成，将建筑构件的 3D BIM 模型与施工进度的各种工作相链接，动态地模拟施工变化过程，实施进度控制和成本造价的实时监控。斯维尔、广联达、鲁班等软件就是国内运用 BIM 技术进行造价管理的代表。

4.2.2 基于 BIM 技术的成本计划的应用价值

BIM 技术能够参与造价管理的全过程，并且实现不同维度的多算对比，极大促进了造价管理的信息化发展，对于提升算量精度、加快工程进度、合理控制变更、实现全面多算对比以及数据的共享和部门之间的相互协同具有积极意义。

BIM 技术在成本计划阶段能通过提升算量的精度来高效计算成本计划。工程量计算是编制工程预算的基础，传统手工算量情况下，尚未形成统一的工程量计价规则，计算过程烦琐枯燥。各部分的扣减关系往往由于地域关系不同，工程规模大、结构复杂等原因，出现计算错误，影响到后续计算的准确。通过 BIM 技术的应用，可建立参数化三维模型，利用 BIM 软件中相应的扣减规则，系统进行自动化算量，提高计算的准确性，从而高效地计算施工计划成本，提高施工成本计划的应用价值。

4.3 基于 BIM 技术的成本控制

4.3.1 基于 BIM 技术的成本控制的基础

基于 BIM 技术的成本控制的基础是 5D 模型，其概念如图 4-2 所示。它是在三维模型基础上，融入"进度信息"与"成本信息"，形成由"三维几何模型＋进度信息＋成本信息"的具有 5 个维度的建筑信息模型。基于 5D 模型进行成本控制的软件，本文统称为基于 BIM 技术的 5D 管理软件，简称为 5D 管理软件。

图 4-2　基于 BIM 技术的 5D 模型组成

基于 BIM 技术的成本控制的原理如下：在项目开始前建立 5D 模型，即将三维几何模型中各构件与其进度信息及预算信息（包含构件工程量和价格信息）进行关联。通过该模型，计算、模拟和优化对应于各施工阶段的劳务、材料、设备等的需用量，从而建立劳动力计划、材料需求计划和机械计划等，在此基础上形成项目成本计划。在项目施工过程中的材料控制方面，按照施工进度情况，通过 5D 模型自动提取材料需求计划，并根据材料需求计划指导采购，进而控制班组限额领料，避免材料方面的超支；在计量支付方面，根据形象进度，利用 5D 模型自动计算完成的工程量并向业主报量，与分包核量，提高计量工作效率，方便根据总包方收入控制支出进行。在施工过程中周期地对施工实际支出进行统计，并将结果与成本计划进行对比，根据对比分析结果修订下一阶段的成本控制措施，将成本控制在计划成本范围内。

4.3.2 基于 BIM 技术的成本控制总流程

基于 BIM 技术的成本控制工作流程如下：

1. 基于 BIM 技术的工程预算

成本控制的基础工作，为事前成本计划提供数据依据，主要包括基于 BIM 技术的工程算量和工程计价两部分内容。该部分内容将在 4.3.3 中进行详细阐述。

2. 建立基于 BIM 技术的 5D 模型

主要工作是在三维几何模型的基础上，将进度信息和年工程预算信息与模型关联，形成基于 BIM 技术的 5D 模型，为施工过程中的动态成本控制提供统一的数据模型。该部分内容将在 4.3.4 节中进行详细阐述。

3. 成本控制过程

在施工过程中，根据 5D 模型进行材料、计算、变更等过程控制。该部分内容将在 4.3.5 节中详细阐述。

4. 动态成本分析

在施工过程中，及时将分包结算、材料消耗、机械结算等实际成本信息关联到 5D 模型，实现多维度，细粒度的动态成本三算对比（合同收入，预算成本和实际成本进行对比）分析，从而及时发现成本偏差问题，并完成改正措施。该部分内容将在 4.4 节中进行详细阐述。

基于 BIM 技术的工程预算软件，目前主要有广联达公司在 GCL 和 GBQ、鲁班的 LubanAR、斯维尔 THS—3DA、神机妙算等软件，本文主要以广联达公司的 GCL 和 GBQ 软件进行应用演示。目前主流的基于 BIM 技术的 5D 管理软件有德国 RIB 的 ITWO 软件、美国 VicoSuftware 公司的 Vico 软件、英国的 Sychro 软件等，本文主要以广联达公司的 BIM5D 软件进行展示。

4.3.3 基于 BIM 技术的工程算量

1. 基于 BIM 技术的工程预算的特点

基于 BIM 技术的工程预算具有以下一些特点：

（1）建模工程量大大减少。

目前，工程量计算工作已普遍采用算量软件，极大地提高了工作效率。但是，传统的算量软件要求算量人员按照图纸重新建立算量模型，建模时间长，工程量计算工作一般占据整个预算工作的 50%～80%，其中很大一部分是建模时间。利用 BIM 技术，工程量计算模型可以通过国际建筑工程数据交换标准 IFC（industry foundation ciasses 工业基础类）复用 BIM 设计模型，大大减少重复建模的工作，极大降低因算量错误建模导致工程量计算不准的出错概率。

（2）构件自动归类，工程量统计效率大大提高。

BIM 模型是参数化的，各类构件被赋予了尺寸、型号、材料等的约束参数，模型中的每一个构件都与现实中的实际物体一一对应,其所包含的信息可以直接用来计算。因此,基于BIM技术的算量软件能在BIM模型中根据构件本身的属性进行快速识别分类,工程量统计的准确率和速度都得到很大的提高。以墙体的计算为例,计算机自动识别墙体的属性,根据模型中有关该墙体的类型和分组信息统计出该段墙体的量,并对相同的构件进行自动归类。

(3)工程量计算更准确。

首先,内置计算规则和算法。基于BIM技术的工程量计算软件内置了各种算法、规则和各地的定额价格信息库。其次,对关联构件、异型构件的计算更准确。在进行基于BIM技术的工程预算时,模型中每一构件的构成信息和空间位置都精确记录,对构件交叉重叠部位的扣减和异型构件计算更科学。最后,大大减少预算的漏项和缺项。由于基于BIM技术的工程预算利用了三维模型的可视化操作,大大减少缺项漏项现象。

(4)预算数据上下游共享。

基于BIM技术的预算通过IFC数据格式复用上游BIM设计模型,同时还能导出IFC数据文件与上下游的施工管理软件进行预算信息共享,打通全过程成本控制的通道。

2. 基于BIM技术的工程算量步骤

(1)BIM算量模型的建立。

目前实际应用中,BIM算量模型建立的方式主要有三种:一是直接在BIM算量软件中重新建立BIM算量模型。二是利用BIM算量软件提供的识图转图功能,将DWG二维图转成BIM模型。三是从基于BIM技术的设计软件中导出国际通用的数据格式(比如IFC)的BIM设计模型,将其导入BIM算量软件中进行复用。目前主流的基于BIM技术的设计软件,包括Revit、MagiCAD、Tekla、ArchiCAD等都支持将设计模型导出为IFC格式,即基于BIM技术的软件能够将专业的BIM设计模型,包括建筑、结构、钢构、幕墙、装饰等BIM设计模型,以IFC格式导出到基于BIM技术的算量软件,建立初步的BIM算量模型。该种方法从整个BIM流程来看最合理,可以避免重新建立算量模型带来的大量手工工作和可能产生的错误。

但是,目前BIM算量模型复用BIM设计模型存在以下两个问题:

1)设计和预算工作的割裂,设计模型缺少足够的预算信息。一般来说,设计人员只关注设计信息,不会考虑预算的需要;预算人员也不会参与设计,不对预算结果负完全责任。二者工作的割裂导致信息的断裂。因此,预算人员必须在设计早期介入,参与构建信息组成的定义。否则,预算人员需要花费大量时间对BIM设计模型进行校验和修改。

2)设计信息和预算信息不匹配,无法直接复用。设计模型一般仅仅包括几何尺寸,材质等信息,而工程预算不仅仅由工程量和价格决定,还跟施工方法、施工工序、施工条件等约束条件有关,因此,如果复用设计模型,就需要综合考虑算量模型的需求,统一设计建模规范和标准。

针对这样的问题,目前,国内已经有软件公司在进行BIM设计模型与BIM算量模型数据复用的开发,并且制定了相应的建模标准和规范。已经在实际工程进行了验证和使用,比如广联达公司的 BIM 算量软件，支持 IFC 格式，同时基于 Revit 开发了 GFC（Glodon Foundition Class）插件，保证导入到 BIM 算量软件的 BIM 设计模型完整和准确，实现土建、结构和机电等多个专业 BIM 设计模型的成功复用。如图 4-3 所示，创建 BIM 土建算量模型的时候，在 Revit 软件中设计模型及构件信息的设置，如楼层、材质等信息，通过导出 IFC 格式的数据文件完整导入到算量软件，Revit（土建）模型和 BIM 算量模型实现无缝转换。

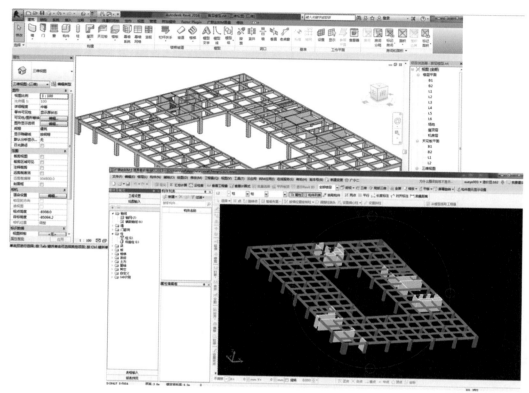

图 4-3　Revit 土建模型导入到基于 BIM 技术的算量软件

在钢筋 BIM 算量建模方面，IFC 文件、PKPM 或 YJK 等主流结构设计软件的文件导入到广联达结构施工图设计软件进行配筋设计，含配筋信息的结构模型继续导入到广联达钢筋算量软件进行算量，算量结果能返回导入 Revit，也能继续导入到下料软件进行钢筋下料设计，从而实现钢筋从设计计算、配筋设计、钢筋算量、钢筋下料的设计施工模型无缝衔接。在安装算量方面，广联达 BIM 安装算量软件完全支持 Magicad 和 RevitMEP 等主流 BIM 机电设计模型的导入。

（2）基于 BIM 技术的工程量计算过程。

有了 BIM 算量模型就可以进行工程量的计算。首先，基于 BIM 技术的算量软件内置计算规则，包括构件计算规则、扣减规则、清单及定额规则等支撑工程量计算的基础性规则。通过内置规则，系统自动计算构件的实体工程量。其次，关联构件扣减量更准确。BIM 算量模型记录了关联和相交构件位置信息，基于 BIM 技术的算量软件可以得到各构件关联和相交的完整数据，根据构件关联或相交部分的尺寸和空间关系数据智能匹配计算规则，准确计算扣减工程量。最后，采用基于 BIM 技术的算量软件，对于异型构件的算量更精确。BIM 算量模型详细记录了异型构件的几何尺寸和空间信息，通过内置的数学算法，例如布尔计算和微积分，能够将模型切割分块趋于最小化，计算结果非常精确。

3. 基于 BIM 技术的工程造价

基于 BIM 技术能够实现工程算量和工程计价一体化。BIM 算量模型除了包含计算工程量所需的信息，还集成了确定工程量清单特征及做法的大量信息。因此，基于 BIM 技术的算量软件通过构件上的属性信息自动合并统计出工程量的清单项目，实现模型与清单自动关联。依据清单项目特征、施工组织方案等信息自动套取定额进行组价，或与积累的历史工程中相似清单项目的综合单价进行匹配，实现快速组价，相比传统预算人员通过看图纸、列清单项的工作方式，大大提高了计价效率。

基于 BIM 技术的算量软件支持工程量增量导入。目前的算量软件和计价软件割裂，在计价工作完成后，如果发生工程量调整变化，无法实现变更的工程量增量导入计价软件，只能利用计价软件人工填入变更调整，而且系统不会记录发生的变化。基于 BIM 技术的算量软件和计价软件基于一致的 BIM 模型，当发生变更时，只需修改 BIM 算量模型，BIM 算量软件即可按照原算量规则自动计算变更工程量，然后基于 BIM 技术的计价软件中相关联的清单会自动调整清单工程量，重新计算综合单价。同时，模型的修改记录将会记录在相应模型上，便于进行后续成本管理。

以广联达公司基于 BIM 技术的计价软件为例，如图 4-4 所示，计价工作基于 BIM 算量模型，可视化操作，减少计价时的少算漏项。

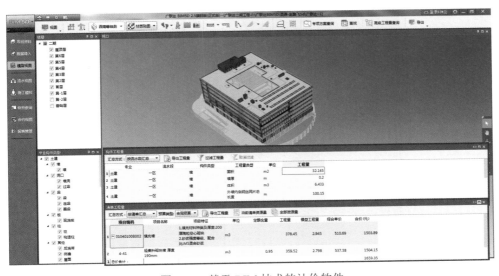

图 4-4　基于 BIM 技术的计价软件

4.3.4 5D 模型的建立

1. 5D 模型集成的信息

（1）5D 模型集成的主要信息。

在施工过程中，要实现对人工、材料、机械设备等成本进行控制，需要掌握和分析大量成本及其相关信息，进行实时成本动态控制。因此，5D 模型从技术、生产、商务三个方面进行数据准备。以模型为载体集成资源、清单、进度等信息，为过程中的成本动态控制提供统一的数据集成模型。

首先，5D 模型集成各专业的 BIM 设计模型。包括建筑、结构、机电、钢构、幕墙等专业模型，保证建筑物信息的完整。以广联达公司的 BIM 5D 软件为例，软件支持的主流的基于 BIM 技术的设计软件，包括 Revit、AchiCAD、MagiCAD 等，BIM 5D 软件通过 IFC 和 CCF 文件导入各专业 BIM 设计模型进行集成，图 4-5 中显示在 BIM 5D 软件集成多专业 BIM 设计模型的效果。

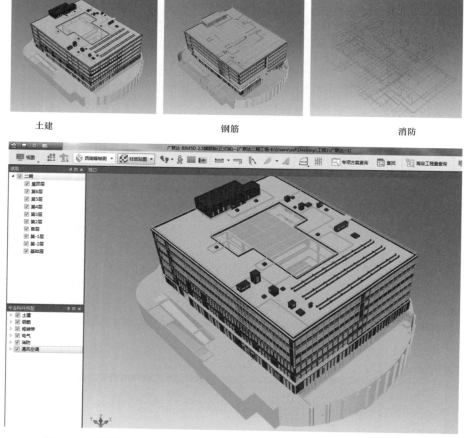

图 4-5　广联达公司 BIM 5D 软件支持的基于 BIM 技术的主流设计软件

其次，集成进度信息。通过将模型中的构件关联时间进度信息，形成 4D 模型，通过 4D 模型模拟施工过程。在施工过程中，通过在 5D 管理软件中对实际进度情况实时更新，基于模型辅助实现项目形象进度和动态成本管理。例如，广联达公司的 BIM 5D 软件与广联达公司的进度计划软件 G-Project 进行了集成，可以在 5D 模型中通过内置的进度计划模板快速编制进度计划。同时，也支持导入别的专业计划编制软件进行计划文件。

最后，集成预算信息。三维模型集成进度信息后，再关联工程预算信息形成 5D 模型。预算信息的集成有两种方式：方式一，集成各专业 BIM 预算模型。在 4.3.3 节中已经对基于 BIM 技术的工程预算进行了详细说明，此时各专业 BIM 预算模型经过算量和计价工作后增加了工程量和价格信息，形成了土建、钢筋、机电等各专业 BIM 预算模型。将各专业 BIM 预算模型进行集成后，形成完整的 BIM 预算信息模型。在此基础上，与进度信息关联形成 5D 模型。方式二，先进行各专业 BIM 设计模型的集成工作，然后在此基础上关联预算信息。该种方式主要是将各专业预算数据通过数据接口导入 5D 管理软件，然后在 5D 管理软件中将 5D 模型的构建和预算清单一一关联，从而建立包含预算信息的 5D 模型。

广联达公司 BIM 5D 软件支持上文中提到的两种预算信息关联方式。如图 4-6 所示，显示广联达公司 BIM 5D 软件中导入预算信息后，每个构件自动关联清单信息。

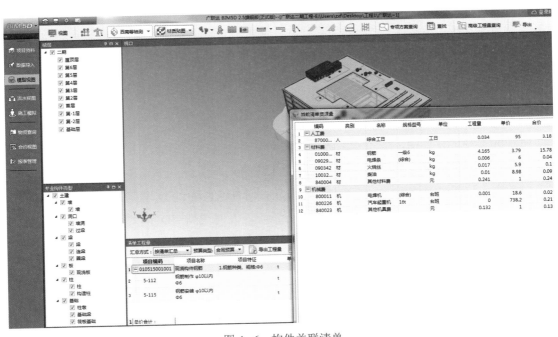

图 4-6 构件关联清单

（2）5D 模型集成的扩展信息。

为了更好地进行成本控制，需要在 5D 模型中集成更多的与成本相关的信息，包括分包合同、变更洽商、图纸、流水段等信息。

1）集成分包合同信息。将分包合同预算与 5D 模型进行关联，通过 5D 模型提高分包报量审核的准确性和及时性，控制分包支出。

2）集成变更洽商信息。在 5D 模型中保留历次变更洽商的模型和变更工程量，做到变更过程留痕，方便变更查询、版本追溯，极大减少结算时依据不全、算不清导致的相互扯皮现象。

3）集成二次深化图纸。将深化设计图纸与 5D 模型集成，通过模型实现图纸的统一管理，包括深化图纸计划的预警、图纸审批和快速查询，避免因为图纸深化不及时导致工期延误或错误施工。

2. 基于 BIM 技术的成本控制的特点

基于 BIM 技术的 5D 模型为施工成本控制提供了一个统一的信息集成模型，基于该模型能够实现全过程、全方位的精细化动态成本管理和控制，满足施工过程成本控制的最优。基于 BIM 技术的成本控制的主要特点有：

（1）信息的集成。

5D 模型集成成本及相关业务的各种信息，通过 5D 管理软件进行施工成本管理和控制。通过三维模型构件形象地管理项目资源，准确快速地提取工程量和价格信息，辅助实现施工成本动态管理。但是，5D 模型的信息集成工作不是一步完成的，需要在管理过程中根据工程进展情况进行集成。这是因为 5D 模型管理软件偏重于管理，很难在 5D 管理软件中完成单项的专业化工作，单项专业化工作仍然需要使用专业的 BIM 软件完成，然后将附带专业信息的模型导入 5D 管理软件。例如，当发生变更时，基于 BIM 技术的算量软件计算变更工程量，带有变更信息的模型重新集成到 5D 模型。

（2）基于 5D 模型的精细化成本控制。

传统成本管理软件中，成本业务数据分散在各个业务部门，通过人工收集后进行拆分、统计和分析。有了信息化手段后，主要通过手工填报表单配合工作流进行成本控制。这种方式工作量大，数据时效性不强，统计分析粒度粗，而且不直观。5D 模型关联了进度和清单信息，在施工过程中，根据进度和实际成本运行情况，及时更新 5D 模型。基于模型快速准确的实现成本的动态汇总、统计、分析，从时间、部位、分包方等多维度、精细化实现三算对比分析，满足成本精细化控制需求。

（3）基于 5D 模型的全过程成本控制。

5D 模型提供了一个真实准确可视化工程信息集成模型，在施工过程中以统一的口径管理不同业务数据，并能够在正确的时间为不同的业务管理者提供及时准确的成本信息，5D 模型的应用贯穿于整个施工成本的控制过程。如图 4-7 所示，在施工项目准备阶段，工程预算信息就集成在 5D 模型中，通过关联进度计划，进行资源模拟，优化资源配置，辅助编制成本计划。在施工过程中，准确及时申报需求计划，并指导材料导购；提高计量工作的效率，加强变更的管理；及时统计实际成本，实现成本动态统计分析。在竣工结算阶段，基于统一的

5D 模型进行结算。改变以往成本信息零碎、分散的局面，解决工程算不清、讲不清、成本资料信息查找追溯困难等问题，实现全过程成本控制。

图 4-7 基于 BIM 技术的成本全过程控制

（4）基于 5D 模型的协同共享。

工程的特点是标准化程度低，过程影响因素多，项目参与方众多等。工程施工过程中很多与成本相关的业务信息都需要及时地交流和分享，5D 管理软件建立以 5D 模型为核心的交流和协作方式，为项目管理人员提供了一个成本数据协同共享的平台。项目管理者在统一的 5D 模型上进行业务数据处理、交换，信息交流变得通畅、及时、准确，不受时间、地点的限制。每一次信息的变更、提供和交流都有据可查，提高了参与各方获得信息的效率，降低了获得信息的成本，最大限度地降低信息的延误、错误造成的浪费、损失及返工。随时了解、监督工程的进度，适时支付分包进度款，及时发现问题，控制整个工程的质量，控制成本。成本信息在施工过程中快速准确地流动起来，工作效率大大提高。成本控制从传统的杂乱无章的信息共享方式，变成井然有序的信息协同共享方式。

4.3.5 基于 BIM 5D 技术的成本过程控制

1. 编制成本计划

成本计划需要根据工程预算和施工方案等确定人员、材料、机械、分包等成本控制目标和计划，并依据进度计划制定人员和资源的需求数量、进场时间等，最后编制合理的资金计划，对资金的供应进行合理安排。

基于 BIM 技术编制成本计划提高了编制的效率和计划的合理性。在效率方面，5D 模型中每个构件都关联了时间和预算信息，包括构件工程量和资源消耗量，因此，可以根据施工进度模拟，自动统计出相应时间点消耗的人、材、机数量和资金需求，从而快速制定合理的成本内控目标。在计划合理性方面，5D 模型支持资源方案的模拟和优化，通过模拟不同施工方案不合理的地方，进行调整进度、工序和施工流水等模拟，使得不同施工周期的人、材、机需求量达到均衡，据此制定各个业务活动的成本费用支出目标，编制合理可行的成本计划。

以广联达公司的 BIM 5D 软件为例，如图 4-8 所示，通过进度模拟工程，软件动态地输出资源需求数据,图中显示的是混凝土和钢筋的用量曲线。同时自动生成资金需求曲线,辅助制订合理的方案。

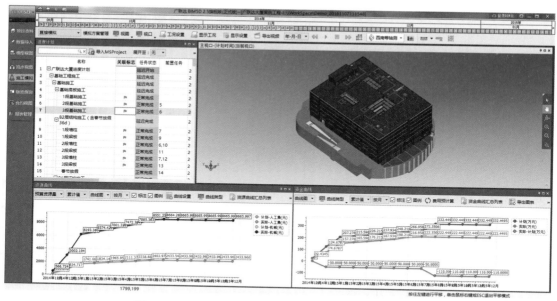

图4-8 广联达公司的 BIM 5D 软件中的资源需求计划

软件还能模拟各期施工任务计划输出各期动态资源、资金柱状图,如图4-9所示,通过柱状图对比发现成本过高或过低的地方,然后检查对应的成本计划,发现成本计划不合理的地方,进行优化直至合理。

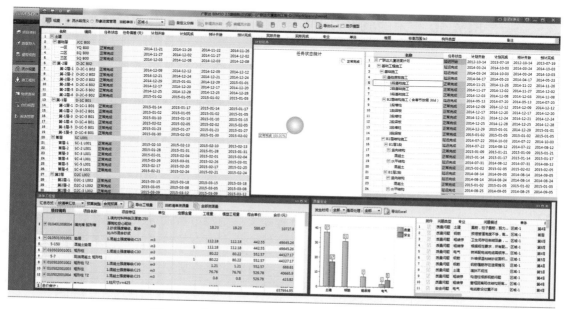

图4-9 广联达公司的 BIM 5D 软件中的资源优化

2. 编制材料需求计划

成本控制中重要的是对占项目成本 60%~70%的材料进行控制。传统的材料需求计划编制时需要各参与方协同工作。施工人员准确掌握进度情况，预算人员反复熟悉和分析图纸，材料人员盘点库存，将各方数据汇总分析后，编制准确合理的材料需求计划指导采购，并现场指导限额领料。由于图纸理解不清，进度计划经常进行调整，容易造成材料需求计划不准确、采购浪费、限额领料缺乏控制依据等问题。因此，材料需求计划的准确性、及时性对于实现精细化材料成本管理和控制至关重要。

5D 管理软件基于进度计划，得到计划完成的模型部位，自动统计计划完成工程量和材料需用量，并且精确提供每个施工任务、每个部位所需材料量，指导限额领料。

（1）材料需求计划的编制。

基于 BIM 技术的 5D 管理软件快速准确地编制材料需求计划。从 4.3.4 节知道，5D 模型具有工程量和资源消耗量信息，计划人员通过选择模型部位，软件可以统计出相应模型相关的资源消耗量，并按照楼层、时间段进行统计，形成物资需求计划，为日提量计划、月备料计划、总控物资计划提供依据。同时，材料需求量计划数据能够导出为 Excel，材料采购人员在此基础上编制材料采购计划。此外，物资需求量计划还可以与材料管理系统集成，在材料管理系统中合并多项目材料需求计划，指导公司编制物资采购计划，发起采购流程。物资采购过程中能方便地追溯物资需求计划，并定位到具体的物资需求部位，从而根据施工进度任务安排合理安排材料进场。

（2）限额领料。

限额领料是以施工班组为对象，根据施工任务单中各项材料需用量签发限额领料单，材料管理人员根据领料单发料。但是实际工作中限额领料遇到很多困难，主要原因是施工过程中图纸有变化，进度调整，材料管理人员的计划数据没有及时更新，或是根本没有编制材料需求计划，也没有方便快捷获得材料需求计划数据的方法。

基于 BIM 技术的 5D 管理软件集成了各种材料信息，为限额领料提供了统一的材料实时查询平台，并且能按照楼层、部位、工序、分包等查询材料需求量。特别是 5D 模型集成钢筋翻样模型后，还能够对钢筋用量进行准确控制。当施工班组进行领料时，材料管理员通过 5D 模型查看领料部位的材料需求量从而控制领料，并将实际的领料数据储存在 5D 模型上。最后 5D 管理软件通过将材料计划用量和累计领料数据对比，进行材料的超预算部位的预警提示。

如图 4-10 所示，该软件根据专业分包流水段提取材料量，帮助进行分包工作范围的限额领料。

3. 工程计量支付

施工过程中工程计量支付工作量很大，主要包括过程计量和工程量审核两方面的内容。过程计量方面，传统工作方式主要是根据图纸进行手算或通过传统的工具软件计算，由于过程计量支付的数据分散在进度、材料、预算等部门，结算资料收集难，普遍存在工程进度款

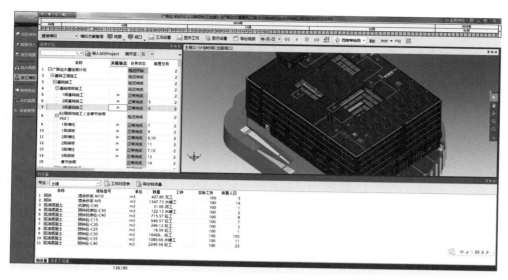

图 4-10　物资提量及节点限额

计算粗糙、超付或少付、甲乙双方投入大量精力解决进度款争议、增加项目成本风险等问题。工程量审核方面,传统模式下主要是手工对量,对比工程量审核工作量大,效率低。基于 BIM技术的计量支付解决了过程算量和工程量审核两方面的问题。

(1) 过程算量。

在进行过程算量时,由于 5D 模型关联了工程合同清单、分包合同清单等信息,根据进度完成情况在 5D 模型上选择分包合同对应范围的模型,5D 管理软件自动计算并汇总工程量。总包根据模型提取的工程量向业主报量,并且审核分包报量,以及将业主报量与分包报量进行对比,进行收入和支出的比较,依据甲方审批工程量收入控制分包工程量的支付,实时动态监控成本。

以广联达公司的 BIM 5D 软件为例,如图 4-11 所示,软件的模型工程量统计计算功能强大。能从时间进度、专业、部位等多个维度统计计算工程量。

BIM5D 软件还可以实时进行工程量对比分析,软件从构件工程量、甲方审批量、分包报量三个维度进行量的对比,参考模型工程量、甲方审批量控制分包工程量的审批。

(2) 工程量审核。

基于 BIM 技术的对量软件实现两个模型之间的对比分析,找出工程量差距,对比审核细化到楼层、部位、构件、流水段等,形象、便捷地辅助完成施工各阶段的工程量审核;在招投标阶段审核清单工程量;在施工过程中审核分包工程量;在竣工结算时审核结算工程量。

基于 BIM 技术的对量软件具有以下两个优势:第一,工程对量可视化。基于 BIM 技术的审核软件能任意提取审核模型工程量,同步显示 BIM 模型和工程量对比列表,形象直观,解决了对量过程中容易漏项的问题。第二,工程量审核效率大大提高。软件提供智能分析功能,根据设置的对比规则,软件自动找出每一个构件工程量的差异,输出审核方报表。

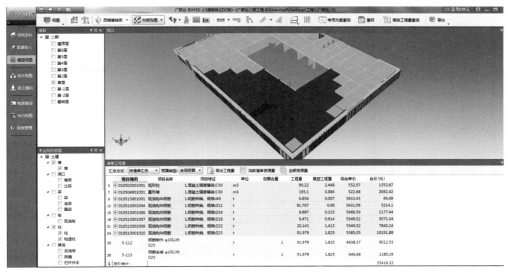

图 4-11　构件工程量计算

4. 辅助变更管理

工程变更是影响项目成本变化的主要因素之一，使得成本和工期目标处于失控状态。传统的变更管理工作中存在很多问题：

（1）变更工程量容易出现漏算少算。传统的设计变更采用纸质图纸，变更图纸仅仅是变更部位的二维图，变更算量时，无法及时获取变更前的工程量信息，容易造成少算漏算。

（2）工程变更资料多，且存放零散。资料追溯和查询麻烦。变更资料是结算审核时最重要的内容之一，这必然使结算的工程量急剧增加。

（3）变更管理难，由于施工过程变更洽商经常发生，遇到大型复杂工程，变更众多，涉及的工作和审批流程多，容易造成处理延迟，也容易贻误最佳索赔时间。

将 BIM 技术应用到变更管理，提高了变更算量工作效率。

（1）变更算量。

基于 BIM 技术的变更算量软件实现了变更工程量的快速准确计算，软件在实际应用流程中包括以下几步：第一，绘制 BIM 变更模型。当发生变更时，在基于 BIM 技术的变更软件中绘制变更部分的 BIM 模型。第二，软件自动分析变更前后版本模型差异，计算变更部位以及关联构件前后的工程量和量差。第三，统计变更前后工程量差异。按照工程量部位、清单口径、单构件口径等分别统计工程量差异。第四，输出报表。按照部位、变更分组、变更单等不同维度输出报表，因为算量汇总单位和施工要求可能不一样，比如钢筋变更量计算，一般情况是按照级别、直径等来汇总变更，在施工过程中，有时需要按照楼层、构建类型等多维度分析数据。

（2）辅助变更管理。

基于 BIM 技术的变更管理软件与项目管理系统集成可辅助完成变更管理。主要包括以下三方面内容：

1）根据模型的变更情况，快速定位进度计划，实现进度计划的实时调整和更新。一旦发现变更，基于 BIM 技术变更管理软件根据变更部位，提示关联的计划和相关配套工作（非实体性工作，比如物资采购入场等）的实际进度情况，从而根据变更内容调整配套工作，加快对变更相关工作的处理效率，减少变更可能引起的损失。

2）基于模型的变更版本管理。基于 BIM 技术的变更管理软件在一个模型上保存历次变更记录，对变更实施版本控制，记录变更过程，方便变更追溯。同时，将变更图纸、变更单、洽商单等结果文件以及过程文件与模型挂接，通过构建随时查看变更图纸、变更计算书等资料。

3）辅助变更流程管理。BIM 强调集成和协同。基于 BIM 技术的变更管理软件集成项目管理系统，为变更流程提供准确的业务数据，辅助变更管理。当变更发生时，由变更申请人在项目管理系统中发起变更流程，造价工程师在接收到流程信息之后，在基于 BIM 技术的变更管理软件中根据申请单内容编制变更预算等工作，相关变更工程量表和计价信息自动集成到项目管理系统，在项目管理系统中留下量价审批记录。

以广联达公司 BIM 5D 软件与项目管理系统的集成为例。在项目管理系统中发起变更流程后，在 BIM 5D 软件中能够看到发起的流程信息。接着基于变更模型进行变更预算编制，处理后的结果继续返回项目管理系统附加在流程上继续执行。最终的变更单信息被存储在项目管理系统中，包括变更图纸等文档资料。在 BIM 5D 软件中，点击模型能直接查看项目管理系统中的变更或洽商的流程处理情况。

4.4 基于 BIM 技术的动态成本分析

4.4.1 基于 BIM 技术的动态成本分析特点

动态成本分析是在施工过程中，将实际成本及时统计和归集，与预算成本、合同收入进行三算对比分析，获得项目超支和盈亏情况，对于超支的成本找出原因，采取针对性的成本控制措施将成本控制在计划成本内。动态成本分析在成本控制中起着重要的作用。传统的动态成本分析方式存在以下几个问题：

（1）成本统计和归集的工作量大。成本对比分析的前提是统一成本项目，并基于成本项目对成本进行统计和归集，此时需要人工将合同收入、计划成本和实际成本按照成本项目进行大量的分摊与拆分。即使是通过成本管理系统对成本分摊和拆分进行智能化处理，依然需要人工录入大量的数据。

（2）成本分析的数据粒度大，而且维度单一。传统方式进行分析时，很难将成本分拆到细粒度级别的对象上，通常做法是按照单位工程的人工费、材料费、机械费等成本项目进行统计进行对比分析。这是因为传统清单预算编制的口径很难归口到具体的细粒度构件，清单中的人、材、机等成本信息从技术上很难与具体的构件一一对应起来，大部分还是在单位工程级别上分析，分部分项级别都很难做到。因此，成本分析的数据颗粒度大，无法满足精细化成本分析的要求，难以准确地发现成本超支的具体原因。

（3）事后成本分析。目前的分析偏重于以合同为主线的财务分析，由于成本部门不能及时准确地掌握分包结算、材料出库、租金结算等成本信息，经常是在项目结束或大的阶段性施工完成后才进行成本统计和分析工作，对过程中的成本控制帮助很小。

基于 BIM 技术的动态成本分析以 5D 模型为信息载体，具有以下优势：

（1）统计归集效率高。5D 模型的成本数据达到最基础的构件级别，无须进行单独的成本项目的归集和拆分，成本分析高效快速。

（2）分析过程精细化。在施工过程中，实际成本及时记录到 5D 模型中，这样，基于 5D 模型不仅能按成本项目，还能按照时间、部位、构件等多个维度进行收入、预算成本（目标成本）和实际成本的动态统计和分析，检查人、材、机、管理费等方面是否超标，分析超标部位和责任等，实现精细化成本监控，成本分析和追溯能力大大提高。

（3）分析结果可视化。通过关联实际成本的 BIM 的模型，可利用模型的三维可视化功能。选择不同构件、时间等，系统实时统计分析，并将结果呈现。同时，也可监控各业务的实际成本统计盘点情况，保证实际成本数据及时统计到位。

4.4.2　基于 BIM 技术的动态成本分析过程

1. 基于 BIM 技术的动态成本统计

基于 BIM 技术的动态成本分析的基础是能够快速统计合同收入、预算成本（目标成本）、实际成本等成本指标，并基于这些指标进行多维度、精细化的成本对比分析。因此，成本数据的获取和统计至关重要。如图 4-12 展示了基于 5D 模型的合同收入、预算成本、实际成本的数据来源和关系。

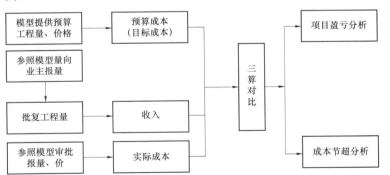

图 4-12　基于 BIM 技术的成本动态分析

（1）多维度的预算成本统计。

在成本计划编制阶段，将工程预算与模型绑定，每个构件不仅关联了预算清单，还包括清单人工、材料、机械等资源消耗量信息和价格信息。因此，可以基于 5D 模型构件从时间、部位、分包方、成本项目等多个维度统计分析预算成本，形成多维度的预算成本数据。

（2）多维度的合同收入统计。

首先，因为 5D 模型构件关联了工程合同清单，根据实际完成进度，5D 模型自动统计对应已完成模型的预算工程量，作为向甲方报量的依据。其次，根据业主报复认可的工程量和预算价格形成进度款收入，并及时录入 5D 管理软件，使得 5D 模型具有了实时准确的合同收入信息。最后，基于 5D 模型的构件从时间、部位、分包方、成本项目等多个维度进行收入的计算和统计，形成多维度的合同收入数据。

（3）多维度的实际成本统计。

实际成本中主要包括分包成本、材料成本、机械成本三大类，对三类成本的统计过程描述如下：

1）实际分包成本：项目的分包一般包括劳务分包成本和工程分包成本两部分。其中劳务分包的花费一般计入人工成本，工程分包的花费会设置专门的工程分包成本项目。在成本管理过程中，在月度劳务和工程结算时，由于 5D 模型与分包合同进行关联，根据结算单所属的分包合同，很快定位到分包合同对应的模型范围，然后将月度成本费用记录到对应的模型上。在统计实际分包时，5D 管理软件将模型上的实际成本数据进行累加，得到实际的发包成本。

2）实际材料成本：在 4.3 节中提到了从 5D 模型上提取材料需求量指导材料的采购和限额领料，材料需求计划与模型部位相关联。施工班组在领料时，材料管理员根据领料单上的使用部位迅速定位到对应的模型上，并将出库单关联到此模型上。月度统计实际材料成本时，按照实际进度完成情况，自动将本月完工模型上的材料出库量进行累加，得到月度材料成本，并根据采购价格计算，得到实际材料成本。

3）实际机械成本：机械成本来源于机械租赁费的月度结算，按照单位工程受益面积，将机械成本费用分摊到对应的 5D 模型上，在统计实际机械成本时，5D 管理软件自动将对应模型上的机械费用累加，得到实际机械成本。

广联达公司的 BIM 5D 软件和 PM（项目管理系统）在广州东塔项目中进行集成应用，简称广州东塔 BIM 解决方案系统。图 4-13 简要显示了成本动态统计分析的成本数据关系。首先，在 PM 系统中制定成本统计分析的统一口径——成本项目，将合同清单和工程预算里的人、材、机等费用与成本项目进行关联，后续的成本统计分析口径全部基于成本项目。然后，在施工过程中，在 BIM 5D 软件中根据进度计划按月编制月度预算成本，月末根据实际进度完成情况，统计完成模型的合同收入和实际成本。其中，实际成本从 PM 系统中进行记录和统计，并自动与模型关联。因此，东塔 BIM 解决方案系统中具备实时的合同收入、预算成本、实际成本数据，在 5D 模型上能进行实时的成本查询，根据要求进行周期（月、季度等）在成本科目口径上对比分析。

2. 基于 BIM 技术的动态成本分析

传统的成本分析方式是按照单位工程维度进行成本分析，难以通过分析报表发现分项工程或工序的成本问题。基于 5D 模型的成本分析能将分析对象细化到楼层、部位构件和工序

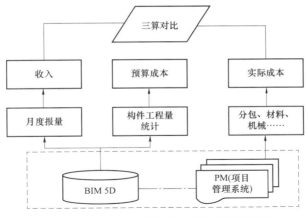

图 4-13　BIM 5D 软件成本动态核算和分析

等，避免出现项目整体盈利，而某个部位或工序超支的现象。比如，某项目上月完成 500 万元产值，实际成本 350 万元，总体效益良好，但很有可能某个子项工序超支，比如某子项工序预算为 60 万元，实际成本却发生了 80 万元。基于 5D 模型的多维度三算对比分析能够按照项目层级、工序层级分析，发现具体成本超支问题，有效地实现成本控制。

下面以广州东塔 BIM 解决方案系统的动态成本分析进行简要说明。广州东塔 BIM 解决方案系统按照管理控制层次不同，成本分析分为三个层级：成本项目层级、合同层级、合同明细层级。其中，合同明细层级可以进行量、价、金额三个指标的对比分析，及时指导项目的盈亏和结余。如图 4-14 所示，通过图表进行各个成本项目累计数据三算对比分析，并且对每个成本项目的明细能追溯查询。以材料成本项目的细化分析为例，按照部位和材料种类进行盈亏和节超分析，可以知道材料超支部位和超支材料名称。

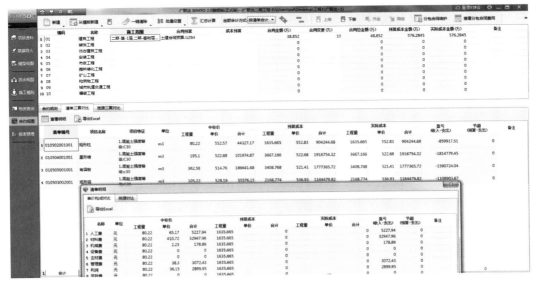

图 4-14　三算对比分析

项目五　进度管理 BIM 技术

5.1　传统施工进度管理概述

5.1.1　施工进度管理概念

建设工程项目管理是为成功实现工程项目所需要的质量、工期和成本等目标所进行的全过程、全方位的规划、组织、控制和协调。项目管理的主要任务是对施工现场与施工过程进行全面规划和组织，实现工程合同管理、质量控制、进度控制和成本控制。作为项目管理三大目标之一，建筑工程项目进度控制是指在限定的工期内，编制出最佳的施工进度计划、并将该计划付诸实施。在工程项目建设过程中实施经审核批准的工程进度计划，采用适当的方法定期跟踪、检查工程实际进度状况，与计划进度对照、比较找出两者之间的偏差，并对产生偏差的各种因素及影响工程目标的程度进行分析与评估，并组织、指导、协调、监督监理单位、承包商及相关单位及时采取有效措施调整工程进度计划。在工程进度计划执行中不断循环往复，直至按设定的工期目标（项目竣工）也就是按合同约定的工期如期完成，或在保证工程质量和不增加工程造价的条件下提前完成。

工程进度控制管理不应仅局限于考虑施工本身的因素，还应对其他相关环节和相关部门自身因素给予足够的重视。应该积极协调项目各参与方合理有序地进行各项施工活动，调动和协调各承包商按照施工进度计划，合理而有序地安排资源，编制各种资源的分配和调度计划，例如施工图设计、工程变更、营销策划、开发手续、协作单位等。只有通过对整个项目计划系统的综合有效控制，才能保证工期目标的实现。

5.1.2　影响进度管理的因素

在实际工程项目进度管理中，虽然有详细的进度计划以及网络图、横道图技术做支撑，实际工期超过计划工期的事故仍有发生，对整个项目的经济效益产生直接的影响。通过对事故进行调查，影响进度管理的主要原因有以下方面：

1. 建筑设计缺陷

首先，设计阶段的主要工作是完成施工所需图纸的设计，通常一个工程项目的整套图纸少则几十张，多则成百上千张，有时甚至数以万计，图纸所包含的数据庞大，而设计者和审图者的精力有限，存在错误是必然的；其次，项目各个专业的设计工作是独立完成的，导致各专业的二维图纸所表现的内容在空间上很容易出现碰撞和矛盾。如果上述问题没有提前被发现，直到施工阶段才显露出来，势必对工程项目的进度产生影响。

2. 施工进度计划编制不合理

工程项目进度计划的编制很大程度上依赖于项目管理者的经验，虽然有施工合同、进度目标、施工方案等客观条件的支撑，但是项目的唯一性和个人经验的主观性难免会使进度计划存在不合理之处，并且现行的编制方法和工具相对比较抽象，不易对进度计划进行检查，一旦计划出现问题，按照计划所进行的施工过程必然会受到影响。

3. 现场人员素质

随着施工技术的发展和新型施工机械的应用，工程项目施工过程越来越趋于机械化和自动化。但是，保证工程项目顺利完成的主要因素还是人，施工人员的素质是影响项目进度的一个主要方面。施工人员对施工图纸的理解，对施工工艺的熟悉程度和操作技能水平等因素都可能对项目能否按计划顺利完成产生影响。

4. 参与方沟通和衔接不畅

建设项目往往会消耗大量的财力和物力，如果没有一个详细的资金、材料使用计划是很难完成的。在项目施工过程中，由于专业不同，施工方与业主和供货商的信息沟通不充分、不彻底，业主的资金计划、供货商的材料供应计划与施工进度不匹配，同样也会造成工期的延误。

5. 施工环境影响

工程项目既受当地地质条件、气候特征等自然环境的影响，又受到交通设施、区域位置、供水供电等社会环境的影响。项目实施过程中任何不利的环境因素都有可能对项目进度产生严重影响。因此，必须在项目开始阶段就充分考虑环境因素的影响，并提出相应的应对措施。

5.2 4D 模型概念及控制原理

5.2.1 4D 模型概念

4D 模型是指在原有的 3D 模型 XYZ 轴上，再加上一个时间轴，将模型在成形过程中以动态的三维模型仿真方式表现。4D 是多形态的表现方式，用户除了可以通过 4D 可视化的展示了解工程施工过程中所有重要组件的图形仿真，也可以依据施工的时程以及进度标示不同的颜色于 3D 模型上，来表达建筑模型组件实际的施工进度状况。如此一来不但可以清楚地了解工程施工状态，还可以通过 4D 可视化仿真找出组件的空间施工冲突。建筑工程产业中使用的 4D 模型是由美国斯坦福大学 CIFE（Center for Integrated Facility Engineering）研究中心于 1996 年时提出相关成果后，引起国际上的关注，而后 CIFE 又提出 4D–CAD 系统，4D–CAD 系统是指在 CAD 绘图平台建置的 3D 建筑物组件模型与项目的各项次时程相连接，并在 CAD 绘图平台中利用动态仿真，展现建筑物兴建过程。虽然此系统在推出时仅处于研究阶段，却开启了 4D 研究热潮。建筑产业也逐渐了解 4D 模型为项目所带来的实质效益，便开始试着将 4D 建筑管理技术导入项目中协助执行相关的工作，也将 4D 模型用于项目不同生命周期阶段上，使管理者通过 4D 可视化动态仿真来掌握管理所需要信息，协助顺利完成项目，即称为 4D 建筑管理。

有专家把建筑工程生命周期阶段分为 Preparation（准备）、Planning（规划）、Construction（施工）及 Operation\Maintenance（运营维护）四个主要部分来说明目前建筑工程应用 4D 仿真的方向。在工程准备阶段，4D 模型主要应用于招标作业与可行性分析中，以便了解投标者于施工阶段开工后的施工进度，分析其项目的可行性。在规划阶段，4D 模型主要应用在组件或时程冲突分析上，通过设计时间建置的 3D 模型及时程规划结合为 4D 模型，可于施工前事先发现时间、空间上的施工冲突问题。并提早变更设计，修正问题，减少施工错误。在施工阶段，4D 模型主要应用于项目管理绩效分析作业上，将规划阶段即施工阶段的数据进行比较，以进行项目管控作业，且可通过比对施工前后差异的资料进行统计分析，了解工程整体绩效。最后在运营阶段，4D 模型可应用于整合建筑设施，包含结构物及各项设备，在日后运营维护上所需要的各项维护、保养、检修等信息，并结合智能型的信息查询与检索方式，提高工程维护管理作业的效率。

5.2.2 4D 技术的进度控制原理

施工进度控制是建设工程项目管理的有机组成部分，涉及工程施工的组织、资源等各个方面，采用了动态控制、信息反馈以及系统原理等多项理论与方法。基于 4D 技术的进度控制以 4D 模型为基础，将 4D 技术与传统施工进度控制理论与方法有机结合，在施工进度信息反馈、可视化模拟分析与动态控制方面具有突出优势。

1. 进度信息反馈

施工进度的有效控制必须依赖及时有效的实际进度采集与反馈机制。目前常用的工程施工实际进度采集主要通过日报等方式实现。基于 4D 模型，可以实现日报等工程实际进度信息的跟踪与集成，将工程施工进度计划与实际进度有机地整合在一起，为后续基于 4D 模型进行进度分析、模拟与调整奠定了基础。

2. 可视化分析与模拟

基于 4D 技术的进度控制可实现工程施工计划（或实际工程进展）的三维可视化模拟，直观表现工程施工的施工进度计划（或实际工程进展）。同时，4D 模型也可实现三维形式的工程进展、延误情况对比分析、工程进展统计等功能，通过直观的图形、报表辅助工程进度调整、控制的决策过程。

3. 动态施工进度控制

施工进度控制是一个不断循环进行的动态过程。在这个过程中，管理者以进度计划编制或调整为起点，通过实际进度跟踪与采集获取工程实际进展数据，在利用关键线路或进度偏差分析等方式确定偏差产生的原因以及可能带来的影响，最终制订合适的进度计划调整方案。如此形成一个循环的动态过程，周而复始，实现对工程施工进度的有效控制。基于 4D 模型可实现动态的进度计划调整，并可方便地集成工程实际进展信息，通过三维可视化的模拟与分析辅助明确工程进度偏差、预测工程延误的影响。同时，4D 模型还可以支持不同进度计划调整方案的模拟分析，为更加合理地调整进度计划、保障工期提供了有力的支持。

5.3 BIM 技术在施工进度管理的工作内容及流程

4D-BIM 模型是在 4D 技术的基础上，将建筑物及其施工现场 3D 模型与施工进度相连接，与资源、安全、质量、成本以及场地布置等施工信息集成一体所形成的 4D 信息模型。4D-BIM 模型由产品模型、4D 模型、过程模型以及施工信息组成，其中产品模型包含建筑物 3D 几何信息和基本属性信息，4D 模型将产品模型与施工进度相链接，过程模型是工程建造的动态模型，是以 WBS 为核心，以进度为控制引擎，与产品模型相互作用形成在不同时间阶段的施工状态，并动态关联相应的资源、安全、质量、成本以及场地布置等施工信息。基于 4D-BIM 模型可实现施工进度、人力、材料、设备、成本、安全、质量和场地布置的动态集成管理、实时控制以及施工过程的可视化模拟。4D-BIM 模型结构如图 5-1 所示。

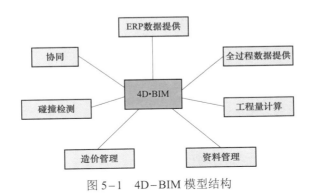

图 5-1　4D-BIM 模型结构

5.3.1　基于 BIM 技术的进度控制工作内容

基于 BIM 技术的进度控制是通过应用基于 BIM 技术的施工管理或进度控制软件，以 4D-BIM 模型为基础进行进度计划的编制、跟踪、对比分析与调整，充分指导和调动项目各参与方协同工作，确保工程施工进度计划关键线路不延期、项目按时竣工的工程项目进度管理方法。其主要内容包括以下方面：

1. 建立协作流程

为满足建筑、桥梁、公路、地铁等不同工程项目的施工管理，应针对具体工程项目的特点和管理需求，面向建设方、施工总承包方及施工项目部等不同应用主体，对施工进度控制的协作流程、软件功能进行必要的调整和制定，明确不同项目参与方与智能部门的具体职责与权限范围。从而为不同参与方基于统一的 BIM 模型进行协同工作、保证数据一致性与完整性奠定基础。

2. 设计 BIM 建模

基于 BIM 技术进行施工进度控制，首先应解决模型来源问题。目前，模型的主要来源有两种：一是设计单位提供的 BIM 模型；二是施工单位根据设计图纸自行创建的模型。当前主要的设计 BIM 建模工具包括 Revit、ArchiCAD、Tekla、Catia 等 BIM 应用软件。考虑建筑造型等需要，也可利用 3D MAX、Rhino 等应用软件辅助建立 3D 模型。前述应用软件建立的设计 BIM 模型可通过 IFC 及其他 3D 模型格式导出作为创建 4D-BIM 模型的基础。

3. WBS 与进度计划创建

工程项目施工的工作分解结构（Work Breakdown Structure，WBS）及进度计划是工程进度控制的关键基础，工程施工前应按照整体工程、单位工程、分部工程、分项工程从粗到细建立工程项目的 WBS，对建筑工程科按照建筑单体、分专业、分层的方式进行划分。在 WBS 的基础上，根据工程规模、施工的人力、机械及材料投入情况，设定各项工作的起止时间及相互关系，从而形成工程施工的进度计划。在 WBS 与进度计划的编制过程中，可根据工程项目需求采用 Microsoft Project、P3/P6 等软件，快捷方便地建立工程项目的 WBS 与进度计划。前述软件建立的 WBS 与进度计划信息可通过相关的数据接口实现与基于 BIM 技术的施工管理或进度控制软件的双向数据集成；基于 BIM 技术的施工管理或进度控制软件也可提供相应的 WBS 与进度计划编辑功能，提供方便快捷的 WBS 与进度计划调整工具。

4. 4D-BIM 模型建模

由于模型划分、命名等的不同，设计 BIM 模型一般不能直接用于工程施工管理，需要对设计 BIM 模型进行必要的处理，并将模型与 WBS 和进度计划关联在一起，形成 4D-BIM 模型的过程模型。设计 BIM 模型的划分与处理应以工程施工的 WBS 为指导，并根据工程施工需求补充必要的信息，最后通过自动匹配或手动对应的方式建立模型与 WBS 和进度计划的关联关系，从而支持基于 BIM 技术的施工进度控制。同时，针对其他施工管理需求，应以 WBS 为核心将资源、成本、质量、安全等施工信息动态集成，形成支持工程施工管理的 4D-BIM 模型。

5. 实际施工进度录入

项目开工建设后，应通过日报等多种方式对工程的实际进展情况进行跟踪，并及时地录入基于 BIM 技术的施工管理或进度控制软件中，为后续实际进度与施工计划的对比分析、关键路线分析等提供必要的数据。

6. 施工进度分析

基于 4D-BIM 模型丰富全面的工程施工数据，可方便地把握整个工程项目或任意 WBS

节点的施工进度，对其进度偏差、滞后原因及影响进行分析，并可动态计算分析过程项目的关键线路，为采取措施合理控制施工进度提供决策支持。施工进度分析包括进度追踪分析、关键线路分析、前置任务分析、进度滞后分析和进度冲突分析等。

7. 施工进度计划调整

根据实际进度与计划进度对比和分析的结果，可在基于 BIM 技术的施工管理或进度控制软件中对进度计划进行调整和控制。可通过直接点选模型、选择 WBS 节点等不同方式调整工程进度计划。当施工进度改变后，4D-BIM 模型将自动更新与之关联的信息，并将受影响的任务及模型突出显示出来。同时，也可在 Microsoft Project、P3/P6 等软件中调整工程进度，并将数据同步到基于 BIM 技术的施工管理或进度控制软件中，从而实现对施工进度计划的调整。

8. 基于 4D 模型的施工过程模拟

利用 4D-BIM 模型，基于 BIM 技术的施工管理或进度控制软件可实现对整个工程或任意选定 WBS 节点的施工过程模拟，直观表现工程施工计划或实际施工进展情况，并可同步显示当前的工程量完成情况和施工详细信息。直观的 4D 模型施工过程模拟将为企业掌握工程进展、分析进度计划提供强有力的支持。

9. 施工信息动态查询与统计

企业可基于 4D-BIM 模型，制定任意施工日期或时间段，实时查看整个工程、任意 WBS 节点和施工段或构件的施工进度以及详细的工程信息，生成周报、月报等各种统计报表。

10. 施工监理协同监管

作为工程项目施工的主要监管方，施工监理可通过基于 BIM 技术的施工管理或进度控制软件，利用 4D-BIM 模型动态跟踪和监督工程项目的实际进展。对施工方的进度计划、施工方案进行可视化的分析模拟和评价，协调各方工作，确保施工进度切实可行，保证工程项目按期竣工。

5.3.2 基于 BIM 技术的进度控制工作流程

根据进度控制工作内容，基于 BIM 技术的进度控制工作流程如图 5-2 所示。在建设项目确定采用 BIM 技术后，根据项目具体情况和工程项目 BIM 应用主体方的不同，首先制定基于 BIM 技术的施工进度控制协作流程，根据不同工作特点建立设计 BIM 模型。基于设计 BIM 模型，通过必要的调整，建立模型与 WBS 和进度计划的关联关系，并与资源、质量、安全等施工信息相集成，生成 4D-BIM 模型。项目开工建设后，通过实际施工进度录入、施工进度对比和分析、施工进度计划调整、基于 4D 模型的施工过程模拟、施工信息动态查询与统计以及监理单位的协同监管等工作环节，实现基于 BIM 技术的施工进度控制。

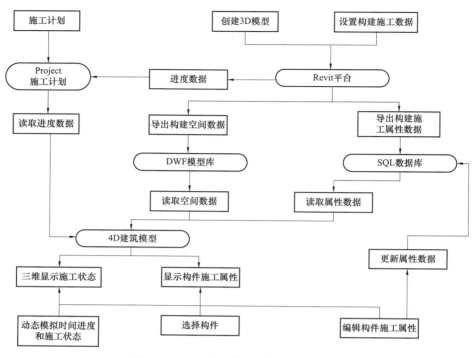

图 5-2　BIM 技术的进度控制工作流程

5.4　BIM 技术在进度管理中的具体应用

BIM 在工程项目管理中的应用体现在项目进行中的各个方面，下面仅对其关键应用点进行具体介绍。

5.4.1　BIM 施工进度模拟

当前建筑工程项目管理中经常用于表示进度计划的甘特图，由于专业性强，可视化程度低，无法清晰描述施工进度以及各种复杂关系，难以准确表达工程施工进度以及各种复杂关系和工程施工的动态变化过程。通过将 BIM 与施工进度计划相链接，将空间信息与时间信息整合在一个可视的 4D（3D+Time）模型中，不仅可以直观、精确地反映整个建筑的施工过程，还能够实时追踪当前的进度状态，分析影响进度的因素，协调各专业，制定应对措施，以缩短工期、降低成本、提高质量。

目前常用的 4D-BIM 施工管理系统或施工进度模拟软件很多，利用此类管理系统或软件进行施工进度模拟大致分为以下步骤：① 将 BIM 模型进行材质赋予；② 制订 Project 计划；③ 将 Project 文件与 BIM 模型链接；④ 制定构件运动路径，并与时间链接；⑤ 设置动画试点并输出施工模拟动画。其中运用 Navisworks 进行施工模拟技术路线如图 5-3 所示。

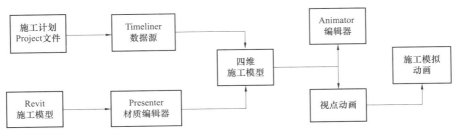

图 5-3　Navisworks 施工技术路线

通过 4D 施工进度模拟，能够完成以下内容：基于 BIM 施工组织，对工程重点和难点的部位进行分析，制定切实可行的对策；依据模型，确定方案、排定计划、划分流水段；BIM 施工进度利用季度卡来编制计划；将周和月结合在一起，假设后期需要任何时间段的计划，只需在这个计划中过滤一下即可自动生成；做到对现场的施工进度进行每日管理。

某工程链接施工进度计划的 4D 施工进度模拟如图 5-4 所示。在该 4D 施工进度模型中可以看出指定某时刻的施工进度情况，并与施工现场进行对比，对施工进度进行调控。

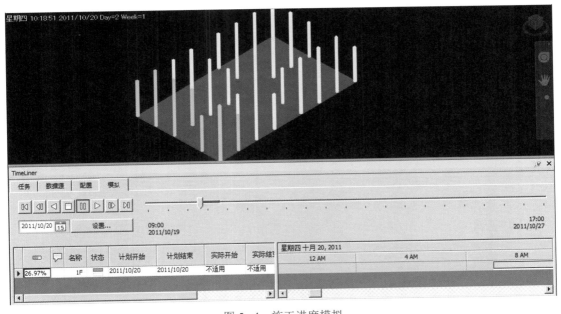

图 5-4　施工进度模拟

5.4.2　BIM 建筑施工优化系统

建立进度管理软件数据模型与离散事件优化模型的数据交换，基于施工优化信息模型，实现基于 BIM 和离散事件模拟的施工进度、资源以及场地优化和过程的模拟。

（1）基于 BIM 和离散事件模拟的施工优化通过对各项工序的模拟计算，得出工序工期、人力、机械场地等资源的占用情况，对施工工期、资源配置以及场地布置进行优化，实现多个施工方案的比选。

（2）基于过程优化的 4D 施工过程模拟将 4D 施工管理与施工优化进行数据集成，实现了基于过程优化的 4D 施工可视化模拟。

某工程基于 BIM 的建筑施工优化模拟动画如图 5-5 所示。

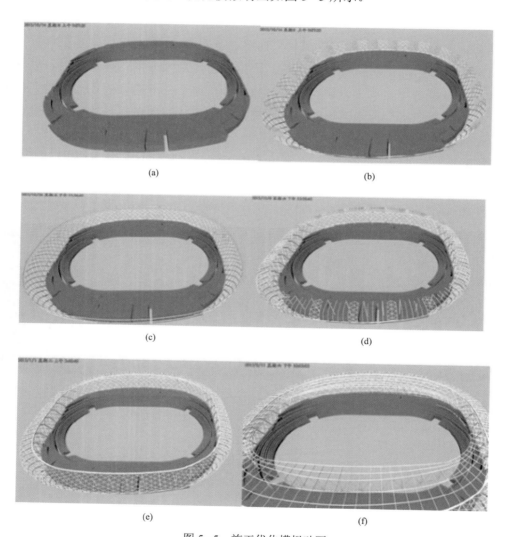

图 5-5 施工优化模拟动画

（a）看台施工；（b）钢结构柱安装；（c）外环梁安装施工；（d）上部钢结构安装；
（e）外环梁安装施工；（f）拉索张拉施工

5.4.3 三维技术交底

我国工人文化水平普遍不高，在大型复杂工程施工技术交底时，工人往往难以理解施工技术要求。针对施工技术方案无法细化、不直观、交底不清晰的问题，解决方案是：应改变传统的思路与做法（通过纸介质表达），转由借助三维技术呈现技术方案，使施工重点、难点部位可视化、提前预见问题，确保工程质量，加快工程进度。三维技术交底即通过三维模型让工人直观地了解自己的工作范围及技术要求，主要方法有两种：一种是虚拟施工和实际工程照片对比；另一种是将整个三维模型进行打印输出，用于指导现场的施工，方便现场的施工管理人员拿图纸进行施工指导和现场管理。

某工程施工工艺三维技术交底如图 5-6 所示。

图 5-6　施工工艺三维技术交底

5.4.4 移动终端现场管理

采用无线移动终端、Web 及 RFID 等技术，全过程与 BIM 模型集成，实现数据库化、可视化管理，避免任何一个环节出现问题给施工和进度质量带来影响，如图 5-7 所示。

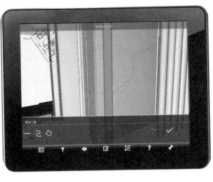

(a)　　　　　　　　　　　　　　　(b)

图 5-7　移动终端随时查看 BIM 模型

（a）IPAD 查看模型；（b）直接批注

项目六 质量管理 BIM 技术

6.1 施工质量管理概述

1. 工程项目质量的概念

工程项目质量是指国家现行的有关法律、法规、技术标准、设计文件及工程合同中对工程的安全、适用、经济、美观等特性提出的综合的要求。工程项目是按照建设工程项目承包合同条件形成的，其质量也是在相应合同条件下形成的，而合同条件是业主的需要，是质量的重要内容，通常表现在项目的适用性、可靠性、经济性、外观质量与环境协调等方面。

2. 工程项目质量的内容

工程项目都是由分项工程、分部工程、单位工程及单项工程所构成的，就工程项目建设而言，是由一道道工序完成的。因此，工程项目质量包含工序质量、检验批质量、分项工程质量、分部工程质量、单位工程质量以及单项工程质量。同时，工程项目质量还包括工作质量。工作质量是指参与工程建设者为了保证工程项目质量所从事工作的水平和完善程度，工程项目质量的高低是业主、勘察、设计、施工、监理等单位各方面、各环节工程质量的综合反映，并不是单纯靠质量检验检查出来的，要保证工程项目质量就必须提高工作质量。

3. 工程项目质量阶段的划分

工程项目质量不仅包括项目活动或过程的结果，还包括活动或过程本身，即包括工程项目形成全过程。我国工程项目建设程序包括工程项目决策质量、工程项目设计质量、工程项目施工质量和工程项目验收保修质量。

4. 工程项目质量的特点

工程项目质量的特点由工程项目的特点决定，建筑工程项目特点主要体现在其施工生产上，而施工生产又由建筑产品特点反映，建筑产品特点体现在产品本身位置上的固定性、类型上的多样性、体积庞大性三个方面，从而建筑施工具有生产的单体性、生产的流动性、露天作业和生产周期长的特点。工程项目的特点，造就了工程项目质量具有以下特点。

6.2 质量体系的建立与实施

1. 质量体系的确立

（1）领导决策，统一思想。这是建立和实施质量体系的关键，企业领导要高度重视、正确决策要亲自参与。组织落实、成立贯标小组，即组织一部分即懂技术又懂质量管理并具有较强分析能力及文字能力的业务骨干组成工作团队，从事质量体系的设计和建设工作。

（2）学习培训指定工作计划。首先采用自上而下的方法组织培训各层次人员学习质量管理和质量保证系列标准，以提高每个员工质量意识，使其了解建立和实施质量体系的重要意义。在此基础上制订出一个全面而周密建立质量体系的实施计划。计划的制订要做到明确目标、控制进程并要突出重点。

（3）制定质量方针，确立质量目标。质量方针是企业进行质量管理、建立和实施质量体系，开展各项质量活动的根本准则，是企业质量政策的体现。质量方针的制定要体现全同性、方向性、经营性、激励性和可行性，要被全体员工理解并指导各项工作的展开。根据质量方针和企业经营总目标等组织制定有关的产品质量、工作质量、质量保证和质量体系等方面的质量目标，它是企业所确定的一定时期内质量活动应实现的成果。

（4）调查现状，找出薄弱环节。只有充分地了解企业的现状，认识到存在的问题，才能建立适合企业需要的质量体系。因为当前存在的主要问题就是今后建立质量体系时要重点解决的问题。

（5）确定组织机构、职责、权限和资源配置。要实现质量体系要素展开后对应的质量活动，必须将活动的工作责任和权限分配到有关职能机构，做到事事有人负责，在确定部门质量职能时，可按质量要素的层次展开，用职能分配表的形式落实各项工作分解和分配，以明确责任部门、相关部门及实施要点。企业在生产经营过程中，相应的生产资料、软件和人员的配备要依据企业对产品质量保证的需要进行调配和充实。

2. 质量体系的实施运行

（1）质量体系的实施教育。

在质量体系建立的开始时，虽然已进行了培训，但是当时培训的重点是使人们对系列标准有个概貌理解，尚未涉及自己的本身工作。到了质量体系实施运行时，就会涉及人们传统的认识、习惯和做法，以及技术、管理上的不适应，这就要求制订全面的人员培训计划，并实施培训，使企业全体员工在思想认识、技术和管理业务上都要有所提高。

（2）组织协调。

质量体系是人造的软件体系，它的运行是借助于质量体系组织结构进行运行的。组织和协调工作是维护质量体系运行的动力。就建筑施工企业而言，计划部门、施工部门、技术部门、试验部门、测量部门、检查部门等都必须在目标、分工、时间和联系方面协调一致，责任单位不能出现空档，保持体系的有序性。这些都需要沟通组织和协调工作来实现。实现这种协调工作的人，应当是企业的主要领导。只有主要领导主持，质量管理部门负责，通过组织协调才能保持体系的正常运行。

（3）质量信息反馈系统。

企业的组织机构是企业质量体系的骨架，而企业的质量信息系统则是质量体系的神经系统，也是保证质量体系正常运行的重要系统。在质量体系的运行中，通过质量信息反馈系统对异常信息的反馈和处理，进行动态控制，从而使各项质量活动和工程实体质量保持受控状态。

质量信息管理和质量监督、组织协调工作是密切联系在一起的。异常信息一般来自质量监督，异常信息的处理要依靠组织协调工作，三者的有机结合是质量体系有效运行的保证。

6.3 施工项目的质量控制

1. 各阶段工程项目质量控制

（1）项目决策阶段的质量控制。

选择合理的建设场地，使项目的质量要求和标准符合投资者的意图，并与投资目标相协调；使建设项目与所在地区环境相协调，为项目的长期使用创造良好的运行环境和条件。

（2）项目设计阶段的质量控制。

选择好设计单位，要通过设计招标，必要时组设计方案竞赛，从中选择能够保证质量的设计单位。保证各个部分的设计符合决策阶段确定的质量要求；保证各个部分设计符合有关的技术法规和技术标准的规定；保证各个专业设计之间协调；保证设计文件、图纸符合现场和施工的实际条件，其深度应满足施工要求。

（3）项目施工阶段的质量控制。

首先，展开施工招标，选择优秀施工单位，认真审核投标单位的标书中关于保证质量的实施和施工方案，必要时组织答辩，将质量作为选择施工单位的重要依据。其次，要保证严格按设计图纸进行施工，并形成符合合同规定质量要求的最终产品。

（4）项目验收与保修阶段的质量控制。

按照《建筑工程施工质量验收统一标准》组织验收，经验收合格后，备案签署合格证和使用证，监督承建商按国家法律、法规规定的内容和时间履行保修义务。

2. 工程项目施工的质量控制

（1）事前质量控制。

事前质量控制是在施工前进行质量控制，其具体内容有以下几方面：审查各承办单位的技术资质，对工程所需材料、构件、配件的质量进行检查和控制，对永久性生产设备和装备，按审批同意的设计图纸组织采购和订货。施工方案和施工组织设计中应含有保证工程质量的可靠措施，对工程中采用的新材料、新工艺、新结构、新技术，应审查其技术鉴定，检查施工现场的测量标桩、建筑屋的定位放线和高程水准点。完善质量保证体系；完善现场质量管理制度；组织设计交底和图纸会审。

（2）事中质量控制。

事中质量控制是在施工中进行质量控制，其具体内容有以下几方面：完善的工序控制；检查重要部位和作业过程；重点检查重要部位和专业过程；对完成的分部、分项工程按照相应的质量评定标准和办法进行检查、验收；审查设计图纸变更和图纸修改；组织现场质量会议；及时分析通报质量情况。

（3）事后质量控制。

按规定质量评定标准和办法对已完成的分项分部工程、单位工程进行检查验收，审核质量检验报告及有关技术性文件，审核竣工图，整理有关工程项目质量的有关文件，并编目、建档。

6.4 BIM 技术质量管理的先进性

BIM 技术是以建筑工程项目的各项相关信息数据作为基础，进行建筑模型的建立，是将建筑本身及建造过程三维模型化和数据信息化，这些模型和信息在建筑的全生命周期（BLM）中可以持续地被各个参与者利用，达成对建筑和建造过程的控制和管理。BIM 的优势体现在：

1. 建立了项目多协作方的 BIM 应用体系，减少了专业之间缺乏协作配合的情况

通过信息将整个建筑产业链紧密联系起来，根据实际工程经验，应用 BIM 技术可以减少专业之间协作配合的时间约 20%，管线综合布设如图 6-1 所示。

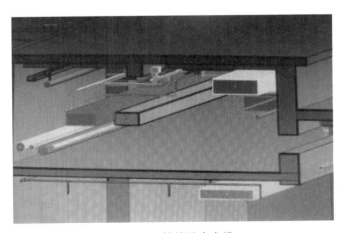

图 6-1　管线综合布设

2. 设计效果的虚拟可视化，使设计方案更优化

由于设计的可视化（图 6-2），能够直观地发现设计缺陷，利用 BIM 实体模型的特性，进行分项过程的技术交底，减少了专业之间的冲突。经多项工程应用统计，利用 BIM 技术可

以降低造价约 20%，减少变更约 40%，提升设计质量，有力地保证了工程质量。

图 6-2 可视化设计

3. 施工阶段多维效果的模拟和施工的监控

施工进度模拟、施工场地的布置模拟及施工方案和流程设计，可以对进度、造价、质量用 BIM 技术进行实时监控。BIM 在施工阶段在利用专业软件为工程建立三维信息模型后，我们会得到项目建成后的效果作为虚拟的建筑，因此 BIM 为我们展现了二维图纸所不能给予的视觉效果和认知角度，同时有效控制施工组织安排，减少返工，控制成本，保证了工程质量，创造绿色环保低碳施工（图 6-3 和图 6-4）。

图 6-3 施工场地的布置模拟及施工进度模拟

图 6-4　钢结构吊装施工模拟

6.5　BIM 技术在质量管理中的应用

1. 基于 BIM 模型的设计深化及图纸审核

BIM 团队在三维建模过程中对设计图纸进行校核和深化，对建筑、结构、机电安装各专业图纸进行碰撞审核，从而在施工前解决图纸的错漏问题。对机电安装进行管线综合，保证精准的管线综合布置。对地下室管线按照各自的标高和定位均出图交底，避免事后返工拆改；同时对预留孔洞提前定位出图，BIM 孔洞预留图解决了砌筑与安装之间的冲突问题（图 6-5）。对设备机房深化设计，特别对地下室双速风机房、生活水泵房、消防水泵房、变电站、制冷机房、全热交换空调机组、地上空调机房等管线综合排布做了深化优化，保证了施工质量。

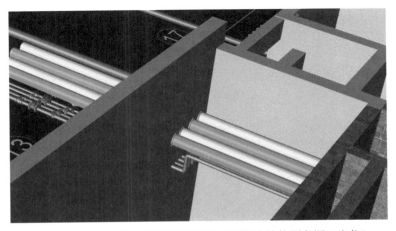

图 6-5　给水管及热水管穿墙预留洞（混凝土墙体预留洞口定位）

各专业人员借助三维可视化建立的 3D 模型及时发现问题，提高了施工方、甲方、设计各部门沟通效率。通过 BIM 多专业集成应用，查找楼层之间净高不足之处，进行净空分析，提前发现净空高度不足问题。比如能够直观地发现楼梯梁设计净空高度问题，对此就需要作分析和调整，找出最优方案。如原设计为下翻梁，查出此位置的净高不满足实用要求，跟设计部门沟通后，改为上翻梁，避免工期延误，大幅度减少返工。能够提前预见问题，减少危险因素，大幅度提升工作效率，提升建筑品质，提高业主满意度（图6-6）。

图6-6　坡道（原设计为下翻梁，查出此位置的净高不满足要求，设计部门改为上翻梁）

2. 基于 BIM 模型设计图纸的三维碰撞检查

利用 BIM 模型设计发现设计缺陷问题。如有些工程主楼与地下车库分开设计图纸，有些工程建筑图纸与设备图纸分别设计不变，此类问题如果只靠单栋楼图纸并不容易被发现。通过各单体 BIM 模型的整合，非常直观地找到相应的设计缺陷问题，避免后期施工出现问题。利用各专业 BIM 模型，进行各专业空间碰撞检查，提前预知问题，并进行预留洞定位及出图，包括混凝土墙体预留洞口定位，给水管及热水管穿墙预留洞定位（图6-7）。

利用三维模型，现场技术人员进行交底，完成预留洞口的筛选之后，利用 BIM 碰撞检查系统自动输出相应的预留洞报告，施工过程中碰撞检查，通过 BIM 模型整合找到相关设计问题，交由项目总工审核，并由项目总工同设计院进行沟通，得到相关设计变更。将第一阶段完成的土建专业及安装专业 BIM 模型输出相应碰撞文件，利用碰撞系统集成建筑全专业模型进行综合碰撞检查，详细定位每处碰撞点。通过系统碰撞检查及管线优化排布后，经过筛选，系统自动输出相应的预留洞口报告，形成技术交底单，对施工班组进行技术交底。

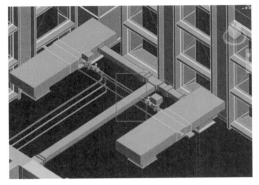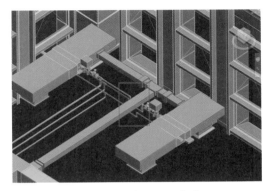

图 6-7　管线综合（水管道与通风管道设计冲突基于冲突，给排水专业设计优化）

BIM 团队在二次深化设计的基础上，建立三维 BIM 模型，对模型内机电专业设备管线之间、管线与建筑结构部分之间、结构构件之间进行碰撞检测，根据测试结果调整设计图纸，直至实现零碰撞。发现碰撞后，在结构施工前，绘制一次结构留洞图，解决碰撞与精装控高问题。

施工过程碰撞检查，管线综合后的安装模型，按照实测结构标高建立结构模型、设备层、标准层、地下室等。经实际测量后，调整模型，保证模型与现场一致，为后期的碰撞与洞口预留做准备（图 6-8）。

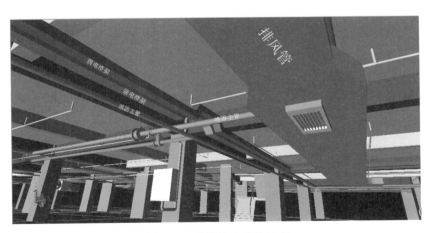

图 6-8　管线综合优化排布

3. 综合场布模拟及高大支模区域查找

综合场地布设模拟是对不同阶段的施工现场进行材料堆放、吊装机械、临时设施进行科学合理排布，从而提高工作效率，提升建筑质量（图 6-9）。

高大支模区域其施工难度大，安全风险高，将施工过程中要采用高大支模处的位置从 BIM 模型中自动统计出来，并辅以截图说明，为编制专项施工方案提供数据支撑（图 6-10）。

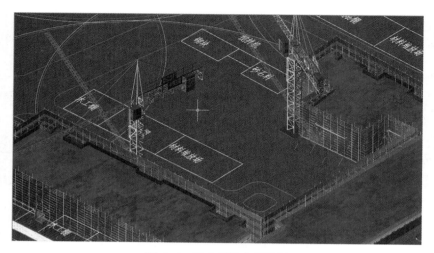

图 6-9　综合场地布设模拟

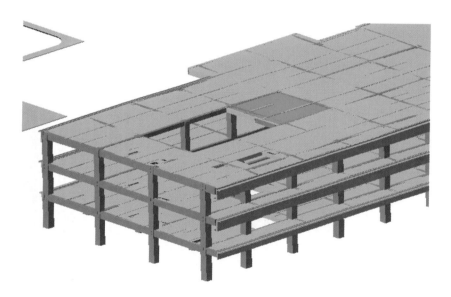

高大空间部位四	商业楼一至五层自动扶梯（21～25×Y～b 轴）	
	支撑面积	约 300m²
	层高	地下室顶板（-0.1m）～五层楼面（22.44m）；层高 22.54m（局部为 17.54m）
	五层楼板厚	150mm
	框架梁截面尺寸/（mm×mm）	300×600、400×750、500×1000

图 6-10　高大支模区域查找

4. 进行三维可视化指导施工与技术交底，对砌体结构综合排布

三维可视化指导施工与技术交底，二次结构施工方案模拟及砌体排布（表6-1和图6-11）。利用 BIM 技术降低对现场管理人员的经验要求完全可以起到价值，因为可以把很多的规范经验的数据库形成一个后台的支撑，为前端的项目管理人员提供强大的数据支撑、技术支撑。

并且利用 BIM 模型对现场的砌体在施工中进行排布，做出相应砌体墙的砌体排布图，精确控制砌体的材料用量、具体位置，解决通过二维平面图纸想象的缺陷。同时利用 BIM 模型便于统计二次结构通过和项目总工沟通明确构造柱的具体施工部位，利用 BIM 模型来制定相关二次结构构造柱及门洞过梁等构件涉及工程量信息的统计（图6-12）。

表6-1 二次结构施工方案模拟及砌体排布

二 层				
序号	位 置	原 模 型	管 综 后	说 明
1	位置：1-4～1-7 交 1-D～1-E 轴碰撞点：（101、106、108、118、124、148、183、220、253、628、653、693）			排布建议：梁底 500mm 桥架及水管；桥架下 50 布置风管。最低点高度：2300mm
2	位置：1-3～1-4 交 1-H～1-D 轴碰撞点：（57、670、671、693）			排布建议：该处高度较低，且存在风管与桥架交叉增加风管的现象，考虑风管按照原图绕行桥架贴顶走风管与桥架下 50mm。最低点高度：2250mm
3	位置 1-3～1-4 交 2-D～2-G 轴碰撞点：（8、127、194、554、563）			排布建议：梁底 50mm 桥架及水管；桥架下 50 布置风管。最低点高度：2000mm

图 6-11　三维可视化指导施工与技术交底

5. 复杂节点的处理

复杂节点如钢筋与型钢节点的方案模拟，运用 BIM 软件对现场实际下料情况进行复核，对比分析，既确保了钢筋工程的质量，又避免了钢筋的浪费。让交底人、被交底人沟通效率大幅提升，通过不断积累，形成项目数据库，有权限的人员也可以调取查看（BE）（图 6-13 和图 6-14），这样有效地进行复杂节点的质量管控。

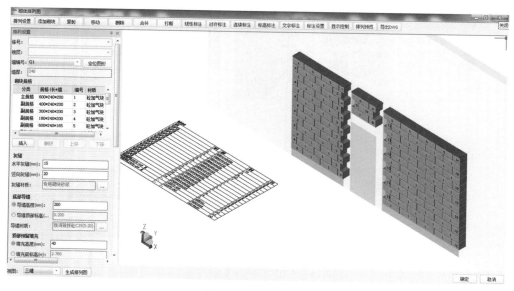

图 6-12　砌体排布

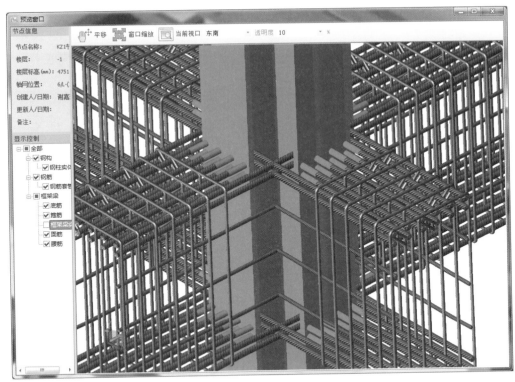

图 6-13　钢筋与型钢节点的方案模拟

图 6-14　复杂节点可视化

6. 现场移动 iBan 监测应用

　　现场的安全员、施工员可在施工现场随时随地拍、摄现场安全防护、施工节点、现场施工做法或有疑问的照片，通过手机上传至 PDS 系统中，并与 BIM 模型相应位置进行对应，通过此方法建立现场管理图文数据库（图6-15）。

图6-15 现场移动iBan监测应用

7. 物料跟踪、物资编码及成本管理技术

项目BIM团队运用BIM技术进行工程施工总体组织设计编制和施工模拟，确定施工所需的人、材、机资源计划，减少施工损耗。对项目的资源进行物料跟踪，并对材料进行编码，利用插件进行材料管理；再与施工进度计划相结合，导出对应计划所需的物料清单，根据清单准备材料进场，并能通过多个进度计划的比对，实现材料进场与人员、机械及环境的高效配置。

通过BIM导出的清单与手工提料的工程量进行对比，再与物资管理结合，对物资申请计划进行校核，可以规避手工提料的失误。以月为单位对劳务验工的工程量进行核算，快速完成劳务工程款的校核及审批。对物资管理实行编码管理，编码反馈到BIM模型，编码后的物资导入到易特仓库软件进行管理，当物资进场时打印编码、贴编码、物资入库，过程中对现场物资盘点及跟踪（扫码），确保全程进行数字化管理。运用BIM技术建立工程成本数据平台，通过数据的协调共享，实现项目成本管理的精细化和集约化。

8. 数字化加工

项目团队利用BIM模型的各项数据信息，对安装构件快速放样，实现工厂预制，将模型应用到现场放线控制中，满足了施工精度要求。通过模型与现场实物对比，采用数字化验收，实现施工质量的事后控制。

6.6　基于 BIM 技术项目参数的质量管理

工程项目质量的好坏决定建筑寿命的长短，所以对施工阶段的严格把关是实现建筑全过程质量控制的关键。建筑项目图纸烦冗，不同专业的设计相互独立，加上识图人员的理解水平有限，现场技术人员难以针对关键节点进行技术交底，这些都是造成施工质量不佳的原因。同时，传统的质量控制主要依靠质检员在构件完成后的抽检，抽检结果的不理想将会导致大量构件返工。若能提前做好质量控制，严格把控，可以降低返工频率和节约成本时间，保证建筑的质量和工期。另外，在质量管控时，若质检人员对检测的梁、板、柱、砌体等构件的检测时间和检测要求不了解，将导致检测的结果不符合相关要求。反应不及时，就使建筑在早期存在质量问题，影响建筑整体的使用寿命。

在质量管理中引入 BIM 技术，可以提高质量管理的效率。要做好建筑项目的质量管理，首要解决的问题是准确定位构件所处的位置。然而，在实际应用过程中，工程项目体量庞大，质检人员是难以确定构件的准确位置信息的。借助 BIM 技术，可有效解决这一问题。首先，在建筑信息模型构建中，系统自动对构件进行编码，形成其固有的 ID 识别码，方便工作人员在应用模型的过程中准确定位和查找。查找到所需要检查的构件后，然后依据《混凝土结构工程施工质量验收规范》中关于混凝土结构的质量要求做出质量是否合格的判断并记录下来。采集到相关数据后，把质量控制要点通过技术交底确定好，根据《混凝土结构工程施工质量验收规范》，提取相关构件的相关数据和质量验收要求，通过 BIM 软件共享参数平台，形成一个三维模型信息数据库。当质检人员进行质量管理时，就可以根据质量控制的要求，检查时调用，严把质量关。此外，质检人员也可以通过共享参数平台，把实时检查结果输入模型，反馈给项目负责人，让其做出相关的反应，使项目顺利进行。

6.7　基于 BIM 技术外接数据库的质量管理

存工程项目质量管理中，不同的参建主体所要得到的质量信息有所不同。例如，施工方主要关注的是构件的用料和制作方式方法是否符合规定；监理方主要关注的是构件的质量是否满足相关质量验收规范的要求；而对于业主来说，关注的焦点只是项目整体质量的综合情况。综上所述，在质量管理过程中，信息表达是否正确与传递是否迅速对提高整个项目的质量管理非常重要。传统的质量管理方法主要通过现场采集照片、事后文档分析和表格整理等形式存相关人员手中传递和交流，这不仅造成沟通不及时，且由于资料繁杂，更易使信息缺漏。因此，对于质量资料的管理亟需解决。基 BIM 技术外接数据库的质量管理方法，可将质量信息保存在建筑模型属性当中，供相关人员查阅，以便提高质量管理效率，保证信息阅读的快速性和准确性。

项目七　BIM 技术与施工安全管理

7.1　施工安全生产管理概述

　　多年来，我国在建筑工程安全生产和管理方面做了大量工作，取得了显著的成绩。逐步建立了以"一法三条例"为基础的法律法规制度体系，实现了质量安全监管有法可依。建立了企业自控、监理监督、业主验收、政府监管、社会评价的质量安全体系，着力强化企业的主体责任，增强企业质量安全保证能力，建立了覆盖全国所有县（市）的工程质量安全监督机构，对限额以上工程实施监督，严肃查处工程质量安全事故和违法违规行为，有效地预防和控制了安全事故的发生，建筑工程安全生产水平不断提升。

　　随着社会的发展和不断进步，建筑业也在飞速发展。产业规模持续增长，支柱地位日益增强。2015 年全国建筑业总产值达 180 757 亿元，比上年增长 2.3%。同时，建筑工程项目规模越来越趋于大型化、综合化、高层化、复杂化、系统化，异形建筑也越来越多。施工技术和新型机械设备在不断更新，施工环境和条件日趋复杂，建筑施工的安全生产形势面临更加严峻的挑战。

7.1.1　施工安全生产现状

　　建筑业在不断的持续发展中，不管从工程技术、工程管理、劳动就业及安全事故的控制方面均取得了很大的进步。根据住建部办公厅 2010～2015 年历年发布的房屋市政工程生产安全事故情况通报情况来看，安全生产形势总体平稳并延续近期好转态势。自 2004 年起死亡人数逐年减少，2008 年降到千人以下，如图 7-1 所示。2015 年，全国共发生房屋市政工程生产安全事故 442 起、死亡 554 人，比去年同期事故起数减少 80 起、死亡人数减少 94 人，如图 7-2 和图 7-3 所示，同比分别下降 15.33% 和 14.51%。虽然事故起数和死亡人数较 2014 年均有下降，但仍有 10 个地区的死亡人数同比上升。当前安全生产形势依然不容乐观，较大事故时有发生，特别是造成群死群伤的事故还没有完全遏制，给人民生命财产带来重大损失，建筑业依然是一个高危行业。

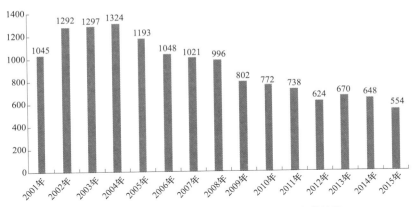

图 7-1　2001~2015 年建筑行业事故死亡人数统计

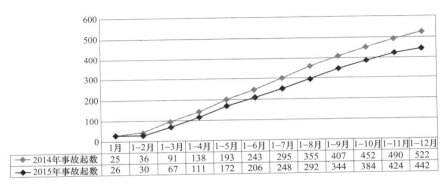

	1月	1-2月	1-3月	1-4月	1-5月	1-6月	1-7月	1-8月	1-9月	1-10月	1-11月	1-12月
2014年事故起数	25	36	91	138	193	243	295	355	407	452	490	522
2015年事故起数	26	30	67	111	172	206	248	292	344	384	424	442

图 7-2　2015 年事故起数情况

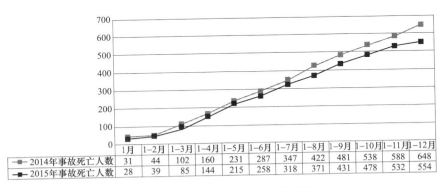

	1月	1-2月	1-3月	1-4月	1-5月	1-6月	1-7月	1-8月	1-9月	1-10月	1-11月	1-12月
2014年事故死亡人数	31	44	102	160	231	287	347	422	481	538	588	648
2015年事故死亡人数	28	39	85	144	215	258	318	371	431	478	532	554

图 7-3　2015 年事故死亡人数情况

7.1.2　施工安全生产管理现状

建筑施工安全问题虽然在近些年得到改善，但建筑安全管理仍存在很大的提升空间。从目前建筑施工安全生产管理的现状来看，不管是政府主管部门，还是具体到工程项目的施工管理，还存在以下诸多问题：

1. 政府监管机构和人员严重不足

在大规模建设时期，政府监管机制已经无法适应日益增大的建设规模。由于监管力量薄弱，很容易使一些安全事故隐患没能在政府行使监管职权进行施工安全检查时被及时发现。住建部工程质量安全监管司 2016 年工作要点中就曾指出要创新体制机制，鼓励通过政府购买社会服务的方式，解决监管力量不足的问题。

2. 建筑工程项目施工活动中参建各方法律意识不强

《中华人民共和国建筑法》于 1998 年开始实施，其中规定了有关部门和单位的安全生产责任。2004 年开始实施的《建设工程安全生产管理条例》对各级部门和建设工程有关单位的安全责任有了更为明确的规定。但在实际的施工过程中，从项目管理层面上来说，参建各方管理人员的安全生产管理责任意识模糊，存在侥幸心理，对熟练掌握安全生产管理相关法律法规的相关知识缺乏热情，对承担的安全事故责任不清晰，导致安全生产管理始终不能精确到位。2014 年《建筑工程五方责任主体项目负责人质量终身责任追究暂行办法》和《建筑施工企业主要负责人、项目负责人和专职安全生产管理人员安全生产管理规定》（住建部 17 号令）已经实施，新修订的《中华人民共和国安全生产法》也已于 2014 年 12 月 1 日起施行，新《安全生产法》彰显了"以人为本，安全发展"的理念，进一步强化了生产经营单位安全生产主体责任，加大了对安全生产违法行为的责任追究力度。2015 年 3 月 16 日，国家安全生产监督总局印发《企业安全生产责任体系五落实五到位规定》（安监总办〔2015〕27 号），进一步强化企业安全生产主体责任，落实生产企业领导责任，从源头上把关，从根本上防止和减少生产安全事故的发生，这些制度的实施必将再次增强建筑工程施工责任主体的法律意识和责任意识。

3. 安全生产管理方面缺乏资金投入

建筑市场竞争非常激烈，市场竞争的不规范、不平等及低价中标等现象都给安全管理带来了很大的障碍。有的建设单位要求施工单位签订阴阳合同、垫资施工，同时又拖欠工程款，建筑施工企业的利润空间被压缩得越来越小。为了实现利润最大化，施工单位必定会严格控制施工成本，安全投入随之减少，无力购置进行安全生产必要的设备、器材、工具等或购置一些不合格的设备、器材、工具，能省则省。对安全技术措施费用和安全生产宣传教育培训费用投入同样不足，存在侥幸心理。施工现场管理混乱，埋下很多安全施工隐患，增加了安全事故发生的可能性。

4. 安全管理方法落后

社会在发展，建筑业在发展，可是很多施工单位的安全管理水平依然停留在 20 世纪。主要依靠频繁的人工观测和人工监督的方法，耗时、低效，而且根据现场观测和经验做决断，容易出现决策者的主观判断错误问题。如果不能建立与时俱进的管理模式，即便其他方面的问题都能解决，建筑业的安全问题也不能够得到有效的改善。管理方法的落后必然会限制建筑业的健康发展，必须要结合现在的建筑工程项目的特点，总结传统管理方法的经验来研究更加有效的管理模式。

5. 施工现场安全教育工作不到位

中国建成高度超过 100m 的超高层建筑的数量越来越多。在不断刷新建筑高度的同时，施工现场的管理也日趋复杂。而从目前态势来看，很多企业招收的是农民工，本身受教育程度不高，传统的安全教育已经不能满足在超高层面上进行作业的安全施工要求。施工企业在进行安全教育时有时又流于形式，安全教育培训记录弄虚作假，往往存在安全教育的时间不够、次数不够、针对性不强，人群覆盖不全，教育形式单一，资料陈旧且不完善等问题，从而导致很多施工作业人员缺乏一定的安全生产知识，未能掌握安全的劳动生产技能，对自己从事生产施工的安全作业条件和环境未能真正了解，导致经常发生冒险蛮干、违章作业的行为，从而产生始料不及的险情，导致安全事故的发生。

综上所述，导致安全事故发生的原因很多，有直接原因有间接原因。那么施工现场作为建筑产品的直接生产制造地，加大资金投入，加强施工安全管理，强化施工现场施工安全生产防护条件，应该作为工程项目施工安全生产管理的重点工作。有数据表明施工生产过程中的安全管理不完善或者人为失误造成的事故约占 95%。因此，在现有的资源条件下，相关法律法规日益完善的大背景下，如何进行高效、精确、标准、科学的安全生产管理，是进一步提高我国建筑业生产安全水平，大量减少建筑安全事故的关键所在。

7.2 传统施工安全管理的局限性

安全生产即为预防生产过程中发生人身、设备事故，形成良好劳动环境和工作秩序而采取的一系列措施和活动，是企业管理中必须遵循的一项原则。现代系统安全工程的观点，即在社会生产活动中，通过人、机、物料、环境的和谐运作，使生产过程中潜在的各种事故风险和伤害因素始终处于有效控制状态，切实保护劳动者的生命安全和身体健康。

因此，对建筑工程来说，要达到施工安全生产的目标，要想保障劳动者的生命安全和身体健康，必须要实施相应的施工安全管理。建筑工程安全生产管理涉及建设行政主管部门、建设安全监督管理机构、建筑施工企业及有关相关单位，需要对施工过程中可能会危及生命和财产安全的各项工作，采取预测、计划、组织、指挥、控制、监督、调整和改进等一系列行为，对其安全生产活动进行管理，最终减少或避免安全事故的发生。

但从目前的施工现状来看，安全生产和管理仍具有以下的局限性：

1. 传统经验型的施工安全管理

目前，施工现场安全管理的理念和方法仍处于传统阶段，主要是依据工程经验、施工现场环境、二维图纸和文字说明，建立安全生产管理制度，识别关键控制点，编制施工组织设计、安全专项施工方案和施工安全技术组织措施，依靠配备的专职安全员来实施安全管理，采用文字形式描述安全问题，提出整改方案并跟踪落实。在整个过程中，对经验的依赖性高，容易遗漏问题，文字描述由于缺乏直观性，不利于管理监督人员和建筑工人对安全注意事项的理解。安全问题和跟踪问题的记录容易丢失，不利于资料的整理和存档。安全管理没有充分利用计算机、网络技术等先进的管理手段，这些都造成不能让管理者实时、全面了解项目实施的安全状况，安全管理工作经常处于被动状态。

2. 分散型的施工安全管理

在对传统的项目信息管理的分析中可以看出，目前的建设项目信息管理存在着设计方施工图纸的设计信息和施工单位的施工信息数据各自为阵，设计信息不能有效协同，信息传递效率低、流失严重的问题，这导致对一个项目的信息管理困难，从而施工效率低，施工期间返工概率增加。施工人员对返工往往又没有足够的重视，这又将会增加发生意外和伤害的机会，安全系数随之降低。

3. 事后处理型的施工安全管理

保证施工安全的关键是在施工作业前能够正确识别所有可能导致安全事故发生的危险因素，并有针对性地制定相应的安全防范措施。而传统的安全管理，危险源的判断和防护设施的布置都需要依靠管理人员的经验来进行，不能做出准确全面的判断。施工期间现场监测能力薄弱，事故隐患不能及时发现和排除，只能在事故发生后做出应对和处理。

目前，我国有很多施工单位采用的都是一种被动的事后型的安全管理，这种落后的安全管理思想和管理方法已经不能适用于越来越复杂的施工项目的要求。如果不能深入认识建筑施工安全管理的本质，不能依据先进的安全科学理论和安全管理技术建立完善的现代化安全管理体系，必将严重阻碍建筑业的发展。

7.3 基于 BIM 技术的施工安全管理的优势

1. 精细化管理

基于 BIM 的项目管理通过三维表现技术、互联网技术、物联网技术、大数据数量技术等方面使各个专业设计协同化、精细化、施工质量可控化、工程进度和安全技术管理的可视化成为可能，一方面提升了施工管理的效率，同时能更方便和有效地对安全问题进行追溯和查询，从而达到施工过程的精细化管理。如上海中心大厦项目，通过对相似项目的管理实例进行多次分析比较，决定采用建设单位主导、参建单位参与的基于 BIM 技术的"三位一体"精细化管理模式。

2. 协同一体化管理

基于 BIM 模型的项目信息管理，可以将项目的建设、设计、施工、监理等各建设相关单位及决策、招投标、施工运维等阶段的信息进行整合和集成存储在 BIM 平台中，方便信息的随时调运，从而加强项目各参与方、各专业的信息协调，减少因为项目建设持续时间长、信息量大而带来的管理不便的问题。同时在施工阶段，利用相关的软件可以有选择的采用设计阶段建立的 3D 模型，建立项目综合信息模型数据库。除了能获得设计阶段的关键信息和数据，还能为施工阶段的安全、成本、进度、质量目标的实现提供依据和保障。

施工单位作为项目建设的一个重要的参与方，在施工阶段如果能处于这样一个信息共享的平台和一体化协同工作的管理模式，那么项目的安全、进度、质量、成本目标的实现将会更加容易。目前承包商普遍认为利用 BIM 技术可有效提高施工质量并控制返工率，这将会在一定程度上降低事故的发生。

3. 事前动态控制的管理

在项目中利用 BIM 建立三维模型让项目部管理人员提前对工作面的危险源进行判断，在危险源附近快速地进行防护设施模型的布置，直观地将安全死角进行提前排查。将防护设施模型的布置给项目管理人员进行模型和仿真模拟交底，确保现场按照布置模型执行。利用 BIM 及相应灾害分析模拟软件，提前对灾害发生过程进行模拟，分析灾害发生的原因，制定相应措施避免灾害的再次发生，并编制人员疏散、救援的灾害应急预案。基于 BIM 技术将智能芯片植入项目现场劳务人员安全帽中，对其进入施工现场时间、所在位置等方面进行动态查询和掌握。

BIM 技术在安全管理方面可以发挥其独特的作用，不仅可以帮助施工管理者从场容场貌、安全防护、安全措施、外脚手架、机械设备等方面建立文明管理方案，指导安全文明施工。更可以从施工前的危险源辨识到施工期间的安全监测以及建筑工人施工时的实时监控和安全预警，保证施工环境信息定时更新，从而最大程度上降低现场安全事故发生的可能。

西方发达国家很早就把 BIM 技术应用在建筑工程的项目管理上。利用 BIM 技术，可以清晰地看到整个项目的质量安全、形象进度、模型浏览、成本分析、项目文档等内容，甚至施工现场每一位工人的工作状态、运动轨迹、工作成果等，都可以很清楚的记录下来，取得了很好的效果，如伦敦奥运会主体育场、美国陆军诺克斯堡项目等。近年来，国内也有很多项目应用 BIM 技术进行现场的施工管理，如深圳平安金融中心、上海中心大厦等。

实践表明，把 BIM 技术运用在建筑工程项目施工安全管理中，可以为项目安全管理提供更多的思路、方法和技术支持，进而极大地提高项目安全管理水平。管理模式的改善可以减少或避免项目实施过程中的安全事故及其带来的损失。不仅如此，如果在一个项目的全生命周期阶段使用 BIM 技术，同时进行设计阶段、施工阶段、运营阶段的安全策划和安全管理，推行信息化、协同化的管理模式，必能达到预先排除安全隐患，减少事故发生的目的，最终使项目总体目标达到最优。

7.4 BIM 技术在施工安全管理中的具体应用

建筑工程项目施工安全管理是指在施工过程中为保证安全施工所采取的全部管理活动，即通过对各生产要素的控制，使施工过程中不安全行为和不安全状态得以减少或控制，达到控制安全风险，消除安全事故，实现施工安全管理目标。

在《2011—2025 年建筑业信息化发展纲要》中，BIM 技术被列为"十二五"期间在建筑业推广应用的重要信息技术，要求尽快推进 BIM 技术从设计阶段向施工阶段及运营阶段的应用延伸。将 BIM 技术引进施工现场的安全管理，解决当前施工过程中的安全问题，探索基于 BIM 的建筑工程施工安全管理研究的理论和实践，必会带来巨大的社会效益和经济效益。

BIM 及相关信息技术的安全管理可涵盖建筑生命周期的各个阶段。如设计阶段的碰撞检测，BIM 技术可以帮助排除这些失误，带来设计图纸质量上的提升。施工图纸质量提升，将会带来返工的减少与更加稳定的结构体系，进而提高安全施工和安全管理的效率。

在施工过程中，充分利用 BIM 技术的数字化、空间化、定量化、全面化、可操作化、持久化等特点，结合相关信息技术，使项目参与者在施工前先进行三维交互式施工全过程模拟。通过模拟，在可视化的基础上合理规划施工场地，避免施工场地和空间的作业冲突，保证施工作业安全。项目参与者可以更准确地辨识潜在的安全隐患以及监控施工动态，更直观地分析评估现场施工条件和风险，制定更为合理的安全防范措施，达到对整个施工过程进行可视化和即时性的管理，避免安全事故发生。

下面就 BIM 技术在施工安全管理中的具体应用进行介绍。

7.4.1 危险源识别

危险源是指在一个系统中，具有潜在释放危险的因素，于一定的条件下有可能转化为安全事故发生的部位、区域、场所、空间、设备、岗位及位置。为了便于对危险源进行识别和分析，可以根据危险源在事故中起到的作用不同分为第一类危险源、第二类危险源。

第一类危险源是指生产过程中存在的，可能发生意外释放的能量或有害物质；第二类危险源是指导致约束能量或有害物质的限制措施破坏或失效的各种因素，主要包括物的故障、人的失误和环境因素等。建筑工程安全事故的发生，通常是由这两类危险源共同作用导致的。根据引起事故的类型将危险源造成的事故分为 20 类，其中建筑工程施工生产中最主要的事故类型主要有高空坠落、物体打击、机械伤害、坍塌事故、火灾和触电事故等。而事故发生的位置主要有洞口和临边、脚手架、塔吊、基坑、模板、井字架和龙门架、施工机具、外用电梯、临时设施等。这些也都是近几年建筑工程事故的主要类型和发生位置。图 7-4 和图 7-5 分别为 2014 年和 2015 年住建部发布的事故类型情况。

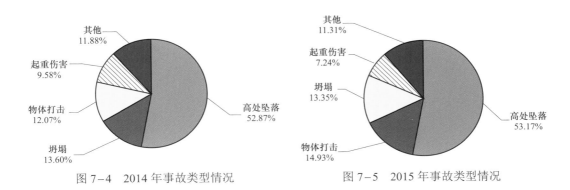

图 7-4 2014 年事故类型情况　　　　　图 7-5 2015 年事故类型情况

尽管项目的施工企业各不相同，施工现场环境千差万别，但如果能够通过事先对危险、有害因素的识别，找出可能存在的危险和危害，就能够对所存在的危险和危害采取相应的措施，从而大大提高施工时的安全性。

BIM 信息平台上的安全管理信息通过 BIM 模型与进度等信息相关联，可实现对每个进度节点上危险源信息的自动识别和统计，同时在模型上直接进行标记，如图 7-6 和图 7-7 所示。

图 7-6　危险源标注

项目管理人员通过 BIM 模型预先识别洞口和临边等危险源，利用层次分析、蒙特卡罗、模糊数学等安全评价方法进行安全度分析评价，如果可靠则可以执行，如果超过安全度将返回安全专项施工方案设计，重新修改安全措施，并调整 BIM 施工模型，再次进行安全评价，直至符合安全要求再进行下一步工作。

专职安全员在现场监督检查时，可以预先查看模型上对应现场的位置，有针对性地对现

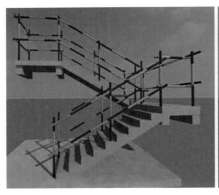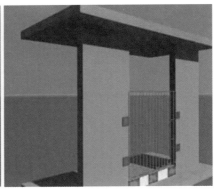

图 7-7 危险源自动识别和防护

场施工人员操作不合理的地方进行纠正。同时管理人员可以利用移动端设备将现场质量安全问题以图片的形式实时上传到平台服务器中，挂接在模型和现场对应的位置上，让项目管理人员在工作室就能实时把握施工进程，观察施工状况，查看施工现场的安全措施是否到位，有利于及时跟踪和反馈。

7.4.2 动态的安全监控

建筑施工过程涉及多方责任主体，包括项目业主、施工单位、设计方、监理单位等。建筑工人流动大、施工作业立体交叉、施工环境复杂多变，现场安全监控因素多、难度大。通过目测和人工检查、督促整改的方法进行安全监控，并不能及时有效地预防控制事故的发生。

随着科技的发展，用于施工现场安全监控的技术手段不断进步和更新，采用 GPS、视频摄像等技术，在一定程度上缓解了人工监控的压力，提高了管理水平和效率。但是对于安全监控状态的判断还是主要依靠管理人员的经验，监控信息依然通过手工进行录入，监控状态反映不及时、不准确，受主观影响较大，且监督人员很难做到对施工现场所有人进行实时的跟踪。不能实现安全监控的实时性、自动化与信息化。此外信息的传递与沟通多采用纸质文件和口头的形式，信息传达滞后且利用效率低下。一旦事故发生不利于及时处理与致因的追溯。因此，传统的安全监控方法已不适用于目前的建筑施工现场的安全管理。

所以如何提高现场安全监控效果，实现可视化、自动化与信息化的实时监控，如何有效地对施工现场建筑工人的施工行为进行实时监督，提高安全管理效率，必须在技术与方法上进行深入的探索与创新。

根据目前国内外的文献资料研究表明，关于建筑施工安全预防与监控主要集中于安全风险评价、安全状态的识别以及安全监控的方法和技术研究等方面。国内外研究学者也一直致力于采用更先进的方法对施工现场安全状况进行精确的分析和监督管理。

在施工现场安全监控上，BIM 技术支持各阶段不同参与方之间的信息交流和共享，三维可视化在安全监控危险源上实例验证效果显著。随着跟进施工进度，可以将基于 BIM 平台的

4D 模型和时变结构分析方法结合，进行结构实时状态和冲突碰撞等安全分析，有效捕捉施工过程中可能存在的危险状况。

如可以利用三维激光扫描仪，在现场选定关键的检查验收部位进行扫描实测，扫描完成后，经过软件处理生成点云模型，将其与 BIM 模型进行对比，找出施工误差，进行结构验算，保证施工安全。图 7-8 为上海中心大厦项目外围钢结构的一处现场监测和 BIM 模型的数据对比 15 层外围钢结构 BIM 模型与 15 层外围钢结构点云数据鱼嘴部分在拟合情况下比较结果，均偏差为 9.2mm。偏差走向为第二次扫描未拟合情况下是向内偏移。

在施工过程中，现场管理人员还可以利用移动端设备将现场危险部位及时传送到 BIM 数据平台，由专人负责进行跟踪和反馈，有利于及时采取施工安全维护措施，避免事故发生，如图 7-9 和图 7-10 所示。

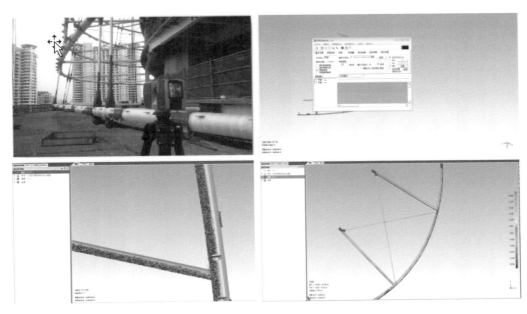

图 7-8　BIM+三维激光扫描的现场监测

目前国内外学者和高校如 S. Chae、T. Yoshida、清华大学、南京工业大学等对 BIM 与 RFID 技术的集成以实现更有效地对施工现场建筑工人和机械设备等的安全监控方面做了较多的理论与实践研究。

RFID 即无线射频识别技术（Radio Frequency Identification）是一种非接触式的自动识别技术，用于信息采集，通常由读写器、RFID 标签组成。RFID 标签防水、防油，能穿透纸张、木材、塑胶等进行识别，可储存多种类信息且容量可达数十兆以上。RFID 技术与 ZigBee 技术结合构建安全信息管理模式可以主动预防高空坠物。利用 RFID 技术标记重型装备和建筑工人，当工人和设备进入危险工作领域将触发警告并立即通知工人及相关管理者，因此 RFID 标签十分适合应用于施工现场这种复杂多变的环境。

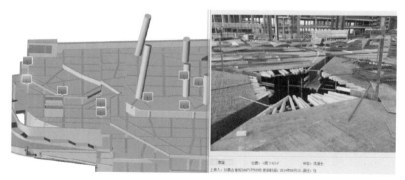

图 7-9   施工安全状况实时捕捉

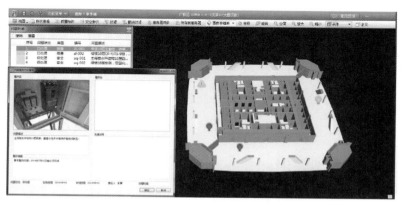

图 7-10   施工安全状况实时捕捉

将 RFID 与 BIM 进行集成,构建施工现场安全监控系统,有助于解决目前施工现场安全监控手工录入纸质传递、施工方一方主导、凭经验管理、信息传递不及时、沟通不顺畅等问题,更有助于实现现场施工安全的自动化、信息化、可视化、全程性的高效监控,如图 7-11 所示。

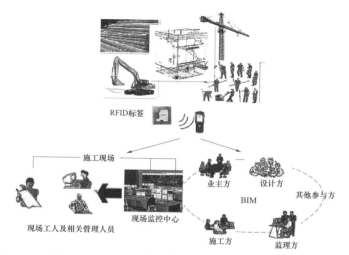

图 7-11   基于 RFID 与 BIM 集成的施工现场安全监控系统原理示意图

7.4.3 施工现场平面布置

目前施工项目的周边环境往往场地狭小、基坑深度大，与周边建筑物距离近、施工现场作业面大，大型项目各个分区施工存在高低差，现场复杂多变，容易造成现场平面布置不断变化，同时对绿色施工和安全文明施工的要求又比较高，给施工现场合理布置带来很大困难，越来越考验施工单位对项目的组织管理协调能力。

项目初期，通过把工程周边及现场环境信息纳入到 BIM 模型，可以建立三维施工现场平面布置图，如图 7-12 和图 7-13 所示。这样不仅能直观显示各个静态建筑物之间的关系，还可以全方位、多角度检查场地、道路、机械设备、临时用房的布置情况。通过施工现场仿真漫游等功能，及时发现现场平面布置图中出现的碰撞、考虑不周的地方，从而提高施工现场管理效率，降低施工人员的安全风险。

图 7-12　基于 BIM 技术的施工平面布置图（一）

图 7-13　基于 BIM 技术的施工平面布置图（二）

利用 BIM 技术在创建好工程场地模型与建筑模型后，结合施工方案和施工进度计划建立 4D 模型，可以形象直观地模拟各个阶段的现场情况，围绕施工现场建筑物的位置规划垂直运输机械和塔吊的安放位置、材料堆放和加工棚的位置、施工机械停放、施工作业人员的活动范围和车辆的交通路线，对施工现场环境进行动态规划和监测，可以有效地减少施工过程中的起重伤害、物体打击、塌方等安全隐患，如图 7-14 所示。

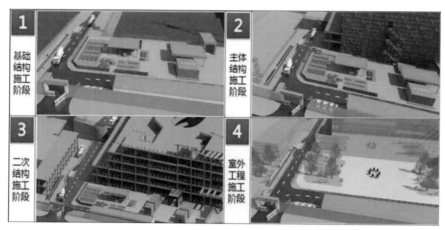

图 7-14　施工期间不同阶段的平面布置图

7.4.4　施工过程模拟

BIM 技术的 4D 施工模拟在高、精、尖特大工程中正发挥着越来越大的作用，大大提高了施工管理的工作效率，减少了施工过程中出现的质量和安全问题，为越来越多的大型和特大型建筑的顺利施工和质量安全提供了可靠的保证。

把 BIM 模型和施工方案集成，通过模拟来实现虚拟的施工过程，譬如对管线的碰撞检测和分析、对场地、工序、安装模拟等，进而优化施工方案，预先对施工风险进行控制，施工期间加强实时管理，能有效提高项目整体施工管理水平。

如福州奥体中心工程工期紧，交叉施工优化难，临时管网布置难，塔吊选点难，通过建立 BIM 模型进行 4D 仿真施工模拟，可以更准确有序地安排施工进度计划，有效控制各作业区的工序搭接，如图 7-15 和图 7-16 所示。

大型复杂的项目施工过程中往往需要使用大量的施工机械，如果不能合理规划，很容易导致安全事故。而塔吊作为建筑工程施工必不可少的施工机械，极易导致碰撞和起吊安全事故。因此在布置施工现场时，除了要合理规划塔吊位置，还要满足施工安全和功能需要。

利用 BIM 技术进行施工过程的模拟中，在模型中可以清楚看到施工过程中塔吊的运行轨迹，结合测量工具得出施工时机械之间、机械和结构之间的距离，以及施工人员的作业空间是否满足安全需求。根据施工模拟的结果，对存在碰撞冲突隐患的施工方案进行调整，然后

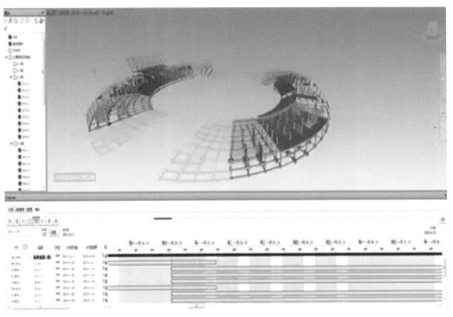

图 7-15　4D 模拟施工

图 7-16　虚拟施工

再进行施工模拟，如此反复优化施工方案直至满足安全施工要求。3D 模型和 4D 施工模拟提供的可视化的现场模拟效果让管理者在计算机前就可以掌握项目的全部信息，便于工程管理人员优化施工方案和分析施工过程中可能出现的不安因素，以及可视化的信息交流沟通。

图 7-17 为某项目使用 3dMax 绘制的塔吊工况图，发现展示特定情况下的塔吊情况，无法进行精确的施工模拟。图 7-18 为该项目部利用 BIM 技术，结合进度和资源投入等情况绘制的全工况模拟图。图 7-19 为塔吊安装后的群塔作业防碰撞模拟。塔吊的位置可以根据塔吊运行轨迹模拟来确定，以避免塔吊之间作用区域冲突和碰撞。

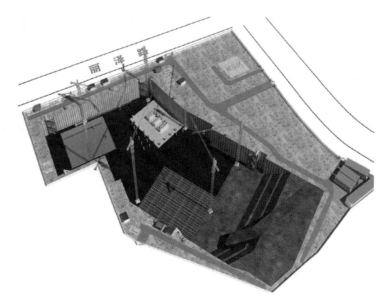

图 7-17　利用 3dMax 绘制的塔吊工况展示图

图 7-18　利用 BIM 技术绘制的全工况模拟图

图 7-19　群塔作业防碰撞模拟图

7.4.5　数字化安全教育培训

Chunling Ho 与 Renjye Dzeng 对基于 BIM 的数字化安全培训的效果进行了调查，结果显示，无论施工人员的年龄教育背景和技术素养如何，合适的培训模式和培训课程内容都可以改善工人施工行为的安全性。

BIM 三维模型因其信息完备性、可视化和模拟化的特点，可以预演施工中的重点、难点和工艺复杂的施工区域，多角度、全方位地查看模型。这样在施工前，集中相关专业施工人员，采用将 BIM 三维模型投放于大屏幕的方式进行技术和安全的动态交底。直观可见的交底能使施工人员快速高效地明确在施工的过程中应该注意的问题、施工方法以及安全事故注意事项，极大地提高了交底工作的效率，还便于施工人员更好地理解相关的工作内容。

同时，在项目安全管理上，通过应用 BIM 虚拟施工技术建立安全文明及绿色施工标准可视化模块，以生动形象的三维动态视频对建筑施工从业人员进行各施工阶段安全规范操作教育培训并指导施工现场实务操作，学习各种工序施工方法和安全注意事项、现场用电安全培训以及建筑项目中大型机械使用安全事项等。大大提升了施工人员安全教育培训效果和操作业务技能，对指导现场施工的效果也很显著。加上现场移动端设备的实时应用，信息反馈和处理的及时，与传统管理模式相比较，大大增强了施工期间的安全控制能力。

项目八 项目运营和维护 BIM 管理技术

8.1 运维管理的定义及范畴

1. 运维管理的定义

运维管理是在传统的房屋管理基础上演变而来的新兴行业。近年来，随着我国国民经济和城市化建设的快速发展，特别是随着人们生活和工作环境水平的不断提高，建筑实体功能多样化的不断发展，使得运维管理成为一门科学，其内涵已经超出了传统定性描述和评价的范畴，发展成为整合人员、设施以及技术等关键资源的管理系统工程。

关于建筑运维管理，总体来说是整合人员、设施和技术，对人员工作、生活空间进行规划、整合和维护管理，满足人员在工作中的基本需求，支持公司的基本活动，增加投资收益的过程。美国国家标准与技术协会（NIST）于 2004 年进行了一次研究，目的是预估美国重要设施行业（如商业建筑、公共设施建筑和工业设施）中的效率损失。该研究报告显示，业主和运营商在运维管理方面耗费的成本几乎占总成本的 2/3。由此看出，一幢建筑在其生命周期的费用消耗中，约 70%是发生在其使用阶段，其中主要的费用构成因素有抵押贷款的利息支出、租金、重新使用的投入、保险、税金、能源消耗、服务费用、维修、建筑维护和清洁等。在建筑物的平均使用年限达到 7 年以后，这些使用阶段发生的费用就会超过该建筑物最初的建筑安装的造价，然后，这些费用总额就以一种不均匀的抬高比例增长，在一幢建筑物的使用年限达到 50 年以后，建筑物的造价和使用阶段的总的维护费用这两者之间的比例可以达到 1:9。因此，职业化的运维管理将会给业主和运营商带来极大的经济效益。

2. 运维管理的范畴

运维管理的范畴主要包括空间管理、资产管理、维护管理、公共安全管理、能耗管理五个方面。

（1）空间管理。

空间管理主要是满足组织在空间方面的各种分析及管理需求，更好地响应组织内各部门对于空间分配的请求及高效处理日常相关事务，计算空间相关成本，执行成本分摊等内部核算，增强企业各部门控制非经营性成本的意识，提高企业收益。

空间分配创建空间分配基准，根据部门功能，确定空间场所类型和面积，使用客观的空间分配方法，消除员工对所分配空间场所的疑虑，同时快速地为新员工分配可用空间。

空间规划将数据库和 BIM 模型整合在一起的智能系统跟踪空间的使用情况,提供收集和组织空间信息的灵活方法,根据实际需要、成本分摊比率、配套设施和座位容量等参考信息,使用预定空间,进一步优化空间使用效率;并且基于人数、功能用途及后勤服务预测空间占用成本,生成报表、制订空间发展规划。

租赁管理应用 BIM 技术对空间进行可视化管理,分析空间使用状态、收益、成本及租赁情况,判断影响不动产财务状况的周期性变化及发展趋势,帮助提高空间的投资回报率,并能够抓住出现的机会及规避潜在的风险。统计分析开发如成本分摊比例表、成本详细分析、人均标准占用面积、组织占用报表、组别标准分析等报表,方便获取准确的面积和使用情况信息,满足内外部报表需求。

(2)资产管理。

资产管理是运用信息化技术增强资产监管力度,降低资产的闲置浪费,减少和避免资产流失,使业主在资产管理上更加全面规范,从整体上提高业主资产管理水平。日常的资产管理主要包括固定资产的新增、修改、退出、转移、删除、借用、归还、计算折旧率及残值率等日常工作。

资产盘点按照盘点数据与数据库中的数据进行核对,并对正常或异常的数据做出处理,得出资产的实际情况,并可按单位、部门生成盘盈明细表、盘亏明细表、盘亏明细附表、盘点汇总表、盘点汇总附表。

折旧管理包括计提资产月折旧、打印月折旧报表、对折旧信息进行备份,恢复折旧工作、折旧手工录入、折旧调整。

报表管理可以对单条或一批资产的情况进行查询,查询条件包括资产卡片、保管情况、有效资产信息、部门资产统计、退出资产、转移资产、历史资产、名称规格、起始及结束日期、单位或部门。

(3)维护管理。

建立设施设备基本信息库与台账,定义设施设备保养周期等属性信息,建立设施设备维护计划;对设施设备运行状态进行巡检管理并生成运行记录、故障记录等信息,根据生成的保养计划自动提示到期需保养的设施设备;对出现故障的设备从维修申请,到派工、维修、完工验收等实现过程化管理。

(4)公共安全管理。

公共安全管理具有应对火灾、非法侵入、自然灾害、重大安全事故和公共卫生事故等危害人们生命财产安全的各种突发事件,建立起应急及长效的技术防范保障体系。包括火灾自动报警系统、安全技术防范系统和应急联动系统。

(5)能耗管理。

能耗管理主要由数据采集、处理和发送等功能组成。

数据采集提供各计量装置静态信息人工录入功能，设置各计量装置与各分类、分项能耗的关系，在线检测系统内各计量装置和传输图设备的通信状况。具有故障报警提示功能；灵活设置系统内各采集设备数据采集周期。

数据分析将除水耗量外各分类能耗折算成标准煤量，并得出建筑总能耗；实时监测以自动方式采集的各分类、分项总能耗运行参数，并自动保存到相应数据库；实现对以自动方式采集的各分类分项总能耗和单位面积能耗进行逐日、逐月、逐年汇总，并以坐标曲线、柱状图、报表等形式显示、查询和打印；对各分类分项能耗（标准煤量）和单位面积能耗（标准煤量）进行按月、按年同比或环比分析。

报警管理负责报警及事件的传送、报警确认处理以及报警记录存档；报警信息可通过不同方式传送至用户，如图8-1所示。

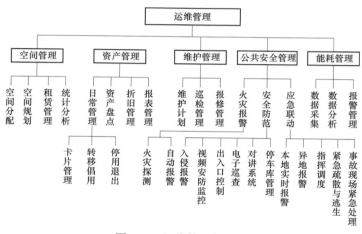

图8-1 运维管理的范畴

8.2 BIM技术在运维管理中的优势

对于一个建筑来讲，通常把它的全生命周期分为四个阶段，包括规划设计阶段、建设阶段、运营使用阶段和废除阶段。在建筑的全生命周期中，运营使用阶段的周期占到整个全生命周期的绝大部分。而从成本角度来看，第一阶段投资分析、环评、规划设计占到建筑生命周期总成本的0.7%，第二阶段建造施工只占总成本的16.3%，第三阶段运营使用阶段占了总成本的82.5%，第四阶段建筑的拆除仅仅占0.5%。由此可见在建筑全生命周期中，运营使用阶段是占时间周期最长、成本比例最大的一个阶段。然而，在建设项目运营使用阶段，涉及大量建筑设备的使用，需要消耗大量的人力、物力和财力。并且目前建筑使用的机械设备的数量、种类迅速增多，结构也越来越复杂，对我们的设备管理水平和管理效率提出了更高的要求。

传统的建筑设备运行维护管理方法主要是通过纸质资料和二维图形来保存信息，进行设备管理，存在很多问题。如二维图形信息难理解、复杂耗时、信息分散无法进行关联和更新，且容易遗漏和丢失，无法进行无损传递。查询信息时需要翻阅大堆的资料和图纸，并且很难找到所需要设备的全套信息，导致在维修保养设备时往往因信息不全、图形复杂等原因而无法达到设备维护的及时性与完好性，影响维护保养质量，并且耗费大量时间资源和人力资源，管理效率较低。如何高效地进行建筑设备运行维护管理是一个非常重要、值得我们思考的问题。

运维管理处在整个建筑行业最后的环节，是不可或缺和非常重要的阶段。运维环节持续时间最长，对建筑价值的体现非常重要。但是目前大多数的运维系统都只停留在大量运维数据的简单处理上，管理方法反复不高效，资源数据利用率低造成资源浪费。运维管理阶段有着丰富的数据依托，各种设备、建筑、人员、辅助系统等产生的大量有效数据和建筑从设计和施工阶段积累下来的大量数据，可以为运维系统提供更加丰富和高效的手段和入口。

传统的建筑运维管理方式因为其管理手段、理念、工具比较单一，大量依靠各种数据表格或表单来进行管理，缺乏直观高效的对所管理对象进行查询检索的方式、数据、参数、图纸等各种信息相互割裂，此外还需要管理人员有较高的专业素养和操作经验，由此造成管理效率难以提高，管理难度增加，管理成本上升。而随着 BIM 技术在建筑的设计、施工阶段的应用越加普及，使得 BIM 技术的应用能够覆盖建筑的全生命周期成为可能。因此在建筑竣工以后通过继承设计、施工阶段所生成的 BIM 竣工模型，利用 BIM 模型优越的可视化 3D 空间展现能力，以 BIM 模型为载体，将各种零碎、分散、割裂的信息数据，以及建筑运维阶段所需的各种机电设备参数进行一体化整合的同时，进一步引入建筑的日常设备运维管理功能，产生了基于 BIM 进行建筑空间与设备运维管理。

8.3　BIM 技术在运维管理中的关键

BIM 具有集成化管理的特征，符合全生命周期管理的要求，将其应用于运维管理所涉及的关键技术较多。

1. 数据标准与模型详细程度要求

BIM 作为单一的数据源，必须符合某些数据标准，以便根据需求定义统一的数据结构，将信息模型与运维管理系统整合，向决策者提供便捷的数据入口。同时，数据标准将扮演集成系统的核心部分，作为建模的依据和使用数据的指导。应用 BIM 技术对既有建筑进行运维管理时，防火、能源、电气、空间管理的信息需求是多样的，各类 BIM 标准应提供建模过程所需的组织结构。

2. 信息集成

目前已有许多研究者着眼于 BIM 对运维期信息的集成和管理，事实上信息集成技术可以大大改善传统的作业形式。早期有研究对比了传统的竣工文档交付方式和利用 BIM 自动生成文档的方法，并推断以后将实现竣工文档交付全自动化。Becerik-Gerber 等提出金字塔形状的数据结构形式，并明确了项目各参与方提供数据的职责。陈沉等研究了基于同一数据平台下的信息模型如何从设计单位无缝传递给施工单位和业主单位。IFC 深入研究了基于本体的建筑信息管理方式，这也是目前国内外 BIM 应用研究热点之一。好的信息集成能够最大程度地利用信息模型，但同时也是应用的难点。

3. 传感器与无线射频识别

传感器与无线射频识别（RFID）技术广泛应用于构件识别、设施定位等数据的获取，可支持运维管理的数据需求。传感器和 RFID 技术应用相对较早，通过多种自动化技术，能实现与 BIM 模型的集成，为构件识别、室内定位、人员逃生等提供良好支持。目前从现有 RFID 的报道进行技术评估，研究 RFID 与 BIM 技术整合的思路。

4. 系统架构与开发

理论上，运维 BIM 完整存储了建筑的所有设计和施工数据，而为了更直观方便地应用运维 BIM，需要开发相应的应用平台和系统。BIM 运维系统可提供给运维单位一个可操作 BIM 数据的界面，同时便于在整个运维阶段实现设备信息、安全信息、维修信息等各种数据的录入。在此基础上，用户能够以一种宏观到微观的效果使维护人员能够更清楚地了解设备信息，同时以三维视图的方式展示设备及其部件以指导维护人员的工作，避免和减少由于欠维修或过度维修而造成的消耗。充分发挥 BIM 技术的优势对于提升运维管理系统的技术水平乃至运维管理的水平都具有重要的意义。

8.4 BIM 技术在设备维护中的应用

1. 设备管理

设施管理大部分的工作是对设备的管理，随着智能建筑的不断涌现，设备的成本在设施管理中占的比例越来越大，在设施管理中必须注重设备的管理。通过将 BIM 技术运用到设备管理系统中，使系统包含设备所有的基本信息，也可以实现三维动态观察设备的实时状态，从而使设施管理人员了解设备的使用状况，也可以根据设备的状态提前预测设备将要发生的故障，从而在设备发生故障前就对设备进行维护，降低维护费用。

将 BIM 运用到设备管理中，可以查询设备信息，自助进行设备报修，也可以进行设备的计划性维护等，如图 8-2 所示。

（1）设备信息查询。在该系统中，用户既可以通过设备信息的列表方式来查询信息，也可以通过 3D 可视化功能来浏览设备的 BIM 模型。

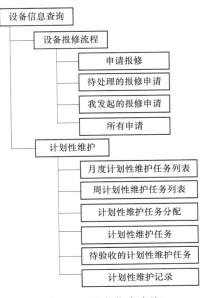

图 8-2   设备信息查询

（2）设备报修流程。在建筑的设施管理中，设备的维修是最基本的该系统的设备报修管理功能。所有的报修流程都是在线申请和完成的，用户填写设备报修单，经过工程经理审批，然后进行维修；修理结束后，维修人员及时将信息反馈到 BIM 模型中，随后会有相关人员进行检查，确保维修已完成，等相关人员确认该维修信息后，将该信息录入，并保存到 BIM 模型数据库中。日后，用户和维修人员可以在 BIM 模型中查看各构件的维修记录，也可以查看本人发起的维修记录，如图 8-3 所示。

报修人		报修部门		报修日期		
报修内容				报修人联系电话		
				派单人		
报修时间		到达时间		完工时间		
是否有组件				领料单编号		
维修记录（处理结果）						
	维修人		验收人		验收评价	
回访意见	维修质量				回访人	
	维修态度				回访日期	

图 8-3   维修记录表

（3）计划性维护。计划性维护的功能是设施管理方通过对设备进行研究来确定设备的维护计划，这种计划性的维护做到事前维护，避免在设备发生故障后才维修，提高管理效率。

2. 灾害应急管理

在人流聚集的区域，灾害事件的应急管理是非常重要的。传统的灾害应急管理往往只关注灾害发生后的响应和救援，而 BIM 技术对应急事件的管理还包括预防和警报。BIM 技术在应急管理中的显著用途主要体现在 BIM 在消防事件中的应用。灾害发生后，BIM 系统可以三维显示着火的位置。BIM 系统还可以使相关人员及时查询设备情况，为及时控制灾情提供实时信息。BIM 模型还可以为救援人员提供发生灾情的完整信息，使救援人员可以根据情况立刻做出正确的救援措施。BIM 不仅可以为救援人员提供帮助，还可以为处在灾害的受害人员提供及时的帮助，比如，在发生火灾时，为受害人员提供逃生路线，使受害人员做出正确的选择。同时，BIM 还可以调配现有信息以实现灾难恢复计划，包括遗失资产的挂账及赔偿要求存盘。

在商城发生火灾时，基于 BIM 技术设施管理系统可以对着火的三维位置和房间立即进行定位显示；控制中心可以及时查询相应的周围情况和设备情况，为及时疏散和处理提供信息。一旦发现险情，管理人员就可以利用这个系统来指挥安保工作。该系统还可以联合 RFID 技术为消防人员选择最合适的路线，并帮助消防人员做出正确的现场处置，提高应急行动的成效。

3. 空间管理

有效的空间管理不仅优化了空间和相关资产的实际利用率，而且还对这些空间中工作的人的生产力产生积极的影响。BIM 通过对空间进行规划分析，可以合理整合现有的空间，有效地提高工作场所的利用率。采用 BIM 技术，可以很好地满足企业在空间管理方面的各种分析及管理需求，更好地对企业内部各部门对空间分配的请求做出响应，同时可以高效地处理日常相关事务，准确计算空间相关成本，然后在企业内部进行合理的成本分摊，有效地降低成本，还增强了企业各部门对非经营性成本的控制意识，提高企业收益。

BIM 技术应用于空间管理有以下几点优势：

（1）提升空间利用率，降低费用。有效地利用空间可以降低空间使用费用，进而提升所在机构的收益率。通过集成数据库与可视化图形跟踪大厦空间使用情况，灵活快速收集空间使用信息，以满足生成不同的明细报表的需求。如果进一步使用空间预定管理模块，可以预定安排使用共享的空间资源，从而最大化提升空间资源的使用率。

（2）分析报表需求。精确详细的空间面积使用信息可以满足生成各种报表的需求。如果所在机构是通过第三方出资修建，那么一些评估数据与实际数据出现的出入可能造成大量现金流的流失。但通过信息系统中的空间分摊功能，可以将机构内各部门空间使用明细清册详细列出，以满足不同状况需求。

（3）为空间规划提供支持。在空间管理系统中包含多种工具，为添加使用空间和重新分配使用空间等规划提供支持。预先综合人员变动和职能需求等空间面积需求要素，帮助部门理解对空间使用的影响。生成指定的明细报表为空间规划提供支持。同时可将报表转为 Office Word、Excel 和 AdobePDF 文档格式，并通过 Web 终端传送给机构其他相关部门。

8.5 BIM 技术在物业管理中的应用

建筑信息模型（BIM）是以建筑工程项目的各项相关信息数据作为模型的基础，进行建筑模型的建立，通过数字信息仿真模拟建筑物所具有的真实信息。它具有可视化、协调性、模拟性、优化性和可出图性五大特点。BIM 技术在物业管理及设备运维中的工程应急处置、安防能力、车库定位方面应用的优点显而易见。

1. 全楼空调的管理

对于一个复杂而庞大建筑的空调系统，我们要随时了解它的运行状态，利用 BIM 模型就非常直观，对整体研究空调运行策略及气流、水流、能源分布意义很大。对于使用 VAV 变风量空调系统及多冷源的计算机中心等项目来说，实用意义就更大。我们可以方便了解到冷机的运行、类型、台数、板换数量、送出水温、空调机（AHU）的风量、风温及末端设备的送风温湿度、房间温度、湿度均匀性等几十个参数，方便运行策略研究、节约能源。

2. 智能照明

现在大多数项目都具有智能照明功能，利用 BIM 模型可对现场管理，尤其是大堂、中庭、夜景、庭院的照明再现，为物业人员提供了直观方便的手段。

3. 跑水应急处理

当市政自来水外管线破裂，水从未完全封堵的穿管进入楼内地下层，尽管有的房间有漏水报警，但水势较大，且从管线、电缆桥架、未做防水的地面向地下多层漏水。虽然有 CAD 图纸，但地下层结构复杂，上下对应关系不直观，从而要动用大量人力，对配电室电缆夹层、仓库、辅助用房等进行逐一开门检查。如果能将漏水报警与 BIM 模型相结合，我们就可以非常直观地看到浸水的平面和三维图像，从而制定抢救措施，减少损失。

4. 重要阀门位置的显示

标准楼层水管及阀门的设计和安装都有相应的规律，可方便找到水管开裂部位并关断阀门。但是在大堂、中庭等处，由于空间变化大，水管阀门在施工时常有存在哪方便就安装在哪的现象。如某项目因极端冷天致使大门入口风幕水管冷裂，经反复寻找阀门，最后在二层某个角落才找到。这里虽存在基础管理的缺陷，但如有 BIM 模型显示，阀门位置一目了然，处理会快很多。

5. 入户管线的验收

一个大项目市政有电力、光纤、自来水、中水、热力、燃气等几十个进楼接口，在封堵不良且验收不到位时，一旦外部有水（如市政自来水爆裂、雨水倒灌），水就会进入楼内。利用 BIM 模型可对地下层入口精准定位、验收，方便封堵，质量也可易于检查，减少事故概率。

6. 安防能力的提高

（1）可疑人员的定位。

利用视频识别及跟踪系统，对不良人员、非法人员，甚至恐怖分子等进行标识，利用视频识别软件使摄像头自动跟踪及互相切换，对目标进行锁定。在夜间设防时段还可利用双鉴、红外、门禁、门磁等各种信号一并传入 BIM 模型的大屏中。试想当我们站在大屏前，看着大屏中一个红点水平、上下移动，走楼梯、乘电梯时都在我们的视线之中，如同笼子里的老鼠般，无法跳出我们的视野。

（2）人流量监控（含车流量）。

利用视频系统和模糊计算，可以得到人流（人群）、车流的大概数量，这样我们就可以在 BIM 模型上了解建筑物各区域出入口、电梯厅、餐厅及展厅等区域以及人多的步梯、步梯间的人流量（人数/m²）、车流量。当每平方米大于 5 人时，发出预警信号，大于 7 人时发出警报。从而做出是否要开放备用出入口，投入备用电梯及人为疏导人流以及车流的应急安排。这对安全工作来说是非常有用的。

（3）重要接待的模拟。

利用 BIM 模型我们可以和安保部门（或上级公安、安全、警卫等部门）联合模拟重要贵宾（VVIP）的接待方案，确定行车路线、中转路线、电梯运行等方案。同时可确定各安防值守点的布局，这对重要项目、会展中心等具有实用价值。利用 BIM 模型模拟对大型活动整体安保方案的制订也会大有帮助。

7. 车库定位及寻车

对车库停车的定位和取车寻找是一个热门话题，我们建议：在停车位边上（柱、墙上）安装二维码，用智能手机扫描后，即记录了停车位置信息，再利用区域定位，便可找到所存的车，这一方法简单、投资低。但没有智能手机，这一方法就不能起作用。当然依靠摄像识别系统或者每个车发一个定位用的停车卡（RFID 卡），依赖精度更高的定位系统寻回停车也是可行的，但要考虑领卡所需的时间对大流量车库入库速度的影响。

BIM 在物业管理中的工程应急处理、安防能力的提高及车库定位及寻车方面有积极的作用，有效地解决了现阶段物业管理及设备运维中存在的问题。BIM 在物业管理及设备运维中具有良好的应用前景。

参 考 文 献

[1] 中华人民共和国住房和城乡建设部. 建筑工程设计文件编制深度规定［M］. 北京：中国计划出版社，2008.

[2] 清华大学 BIM 课题组，互联立方（isBIM）公司 BIM 课题组，设计企业 BIM 实施标准指南［M］. 北京：中国建筑工业出版社，2013.

[3] 何关培，葛文兰. BIM 第二维度——项目不同参与方的 BIM 应用［M］. 北京：中国建筑工业出版社，2011.

[4] 何关培，葛清. BIM 第一维度——项目不同阶段的 BIM 应用［M］. 北京：中国建筑工业出版社，2013.

[5] 尹韶青，赵宏杰，刘炳娟. 建筑工程项目管理［M］. 西安：西北工业大学出版社，2012.

[6] 中国建筑施工行业信息化发展报告（2014）. BIM 应用与发展［M］. 北京：中国城市出版社，2014.

[7] 中国建筑施工行业信息化发展报告（2015）. BIM 深度应用与发展［M］. 北京：中国城市出版社，2015.

[8] 李飞，李伟，等. 基于 BIM 的施工现场安全管理［J］. 土木建筑工程信息技术，2015，7（5）：74-77.

[9] 时松，赵坤. BIM 在施工过程精细化管理中的应用［J］. 中国新技术新产品，2016，07（上）：179-181.

[10] 李智，王静. 施工阶段 BIM 应用风险及应对策略［J］. 土木建筑工程信息技术，2016，8（2）：6-15.

[11] 翟越，李楠，等. BIM 技术在建筑施工安全管理中的应用研究［J］. 施工技术，2015，44（12）：81-83.

[12] 郭红领，于言滔，等. BIM 和 RFID 在施工安全管理中的集成应用研究［J］. 工程管理学报，2014，28（4）：88-93.

[13] 郭艳阳. 建筑施工企业安全管理现状浅析及建议［J］. 工程安全，2016，34（4）：94-96.

[14] BIM 工程技术人员专业技能培训用书编委会. BIM 应用与项目管理［M］. 北京：中国建筑工业出版社，2016.

[15] BIM 工程技术人员专业技能培训用书编委会. BIM 技术概论［M］. 北京：中国建筑工业出版社，2016.

[16] 刘占省，赵雪锋. BIM 技术与施工项目管理. 北京：中国电力出版社，2015.

[17] 鲍学英. BIM 基础及实践教程［M］. 北京：化学工业出版社，2016.

[18] 刘海明. 建设工程新技术及应用［M］. 南京：江苏科学技术出版社，2016.